# 成长乐园

## 儿童房设计全攻略

李江军 李萍 等编

机械工业出版社
CHINA MACHINE PRESS

本书从前期的设计规划入手，分析了不同年龄与不同性别的儿童对房间的需求，并对儿童房作了详细的功能分区。从儿童房的色彩搭配、装饰材料、灯光照明、家具布置、布艺搭配以及软装饰品等角度，详细阐述了儿童房设计的要点。并对温馨婴儿房设计、甜蜜公主房设计、活泼男孩房设计、实用双人房设计进行了图文并茂的实例解析。本书适合室内设计师、家居设计师及相关设计从业者阅读，也适合喜欢室内设计的广大读者阅读。


**图书在版编目（CIP）数据**

成长乐园. 儿童房设计全攻略 / 李江军等编. —北京：机械工业出版社，2020.1

（家居创意空间 设计提案）

ISBN 978-7-111-64645-7

Ⅰ. ①成… Ⅱ. ①李… Ⅲ. ①儿童—房间—室内装饰设计 Ⅳ. ①TU241

中国版本图书馆CIP数据核字（2020）第015950号

机械工业出版社（北京市百万庄大街22号 邮政编码100037）
策划编辑：赵 荣 责任编辑：赵 荣 刘 晨
责任校对：刘时光 封面设计：鞠 杨
责任印制：孙 炜
北京联兴盛业印刷股份有限公司印刷
2020年3月第1版第1次印刷
184mm × 250mm · 11印张 · 172千字
标准书号：ISBN 978-7-111-64645-7
定价：69.00元

电话服务
客服电话：010-88361066
010-88379833
010-68326294

网络服务
机 工 官 网：www.cmpbook.com
机 工 官 博：weibo.com/cmp1952
金 书 网：www.golden-book.com
机工教育服务网：www.cmpedu.com

# 前言

FOREWORD

儿童房是孩子独处的空间，好的儿童房设计，能为孩子打造一个专属于他们自己的乐园，而且有利于培养孩子的独立性。同时，具有一定艺术美感的室内陈设装饰与家具布置，能让孩子从小养成良好的审美意识，也更易于孩子展开想象的翅膀，充分感悟居住空间带给精神世界的艺术熏陶。安全性是儿童房规划设计的重中之重，为杜绝安全隐患，在儿童房设计之初，就要坚持贯彻安全、健康和环保的设计理念。除了要注重装饰材料的安全性外，还要注重软装、玩具以及灯光设计的安全性，全方位呵护孩子的健康成长。

对于普通的住宅空间设计，有人喜欢中式红棕色的深沉；有人喜欢现代简约淡雅的轻快；有人喜欢地中海纯净的蓝白条纹；有人喜欢东南亚色彩斑斓的热情。而对于儿童房的空间设计来说，不能单纯地顺应整套住宅的设计风格。灵活采用活泼的色彩和科学合理的设计，不仅能满足基本的功能需求，还能给孩子带来安全感和满满的爱，促进他们健康快乐的成长。此外，由于不同年龄段的儿童其性格特点、爱好都不尽相同，所以在设计儿童房时，应仔细考虑不同年龄段孩子的需求。

《成长乐园——儿童房设计全攻略》从前期的设计规划入手，分析了不同年龄与不同性别的儿童对房间的需求，并对儿童房作了详细的功能分区。本书从儿童房的色彩搭配、装饰材料、灯光照明、家具布置、布艺搭配以及软装饰品等角度，详细阐述了儿童房设计的要点。并对温馨婴儿房设计、甜蜜公主房设计、活泼男孩房设计、实用双人房设计，进行了图文并茂的实例解析。用通俗易懂的文字，配合精美高清的案例，让读者全面深入了解儿童房的设计要点。

本书由李江军、余盛伟、汪霞君、徐开明等人参与编写，并特地邀请有着十多年专业经验的南京设计师李萍作为特邀主编，对精选的数百个儿童房案例进行了详细解析，帮助读者充分发挥设计想象，让小家充满大智慧。

# 目录

CONTENTS

PART

1



第一章

# 儿童房设计重点

» Children Room Design «

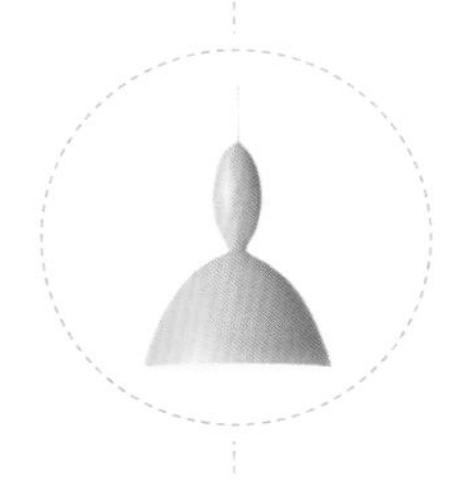

儿童房作为家居整体格局中的一部分，其空间大小会受到户型面积的制约。对于面积较大的户型来说，儿童房的面积一般较为宽裕，因此有条件满足家具的不同排布方式。而对于面积相对局促的中小户型来说，儿童房的面积也会受到一定的限制，因此在空间的设计上，需要进行更加精细化的推敲，使其尽可能地满足儿童房的日常使用需求。

# 01 儿童房的前期设计规划

Children Room Design

在设计儿童房前，应先对房间的朝向、面积、开间以及进深等多个因素进行综合考虑。同时，作为家居整体中的一部分，儿童房与其他房间的位置关系也需要进行合理的搭配。比如学龄前的儿童由于独立生活能力较差，对父母还有较强的依赖性。因此，将儿童房与主卧相邻布置可以方便家长对孩子就近照顾。另外，孩子上高中、大学后经常不在家居住，空置出来的儿童房也可作为主卧书房、活动间使用，能够在很大程度上提升空间的利用率。

⊙ 儿童房与主卧相邻布置的格局

很多家庭会把采光最好的空间留给主卧，但从健康和人格养成的角度来看，最需要阳光的家庭成员其实是正在成长的孩子。阳光充足的空间，细菌一般较少，更有益于孩子的身体健康。而且生活在自然光照射下的孩子，其大脑活动力较活跃，对于逻辑推理和色彩感知有正面影响。最重要的是，阳光充足的环境，有益于培养孩子积极开朗、乐观向上的性格。

对于拥有一男一女两个孩子，但空间不够的家庭，可考虑选择设计双人儿童房。在设计双人儿童房时，不仅要兼顾两个孩子的兴趣爱好，同时还要对空间进行合理的分割，并要求兼具一定的隐私设计，以便满足二人同住一间房，但又相对独立的需求。

⊙ 双人儿童房的设计

当儿童房的净面宽在 3.2m 以上，使用面积在 10~15m² 之间时，其各功能区域尺寸适宜，因此可以根据孩子的喜好与特点进行家具布置。而对于净面宽在 3m 左右，使用面积在 8~10m² 之间的儿童房来说，则更适合紧凑型的布局方式，同时还应综合考虑家具的陈设、门窗的位置以及家长与孩子在房间内的活动流线等因素。

⊙ 8~10m² 之间儿童房适合紧凑型的布局方式

⊙ 10~15m² 之间的儿童房，可根据孩子的喜好布置家具

⊙ 趣味性的墙面图案

儿童房是孩子学习、休息、游戏的地方，虽然其空间设计是整个家居装饰的一个部分，但与其他房间的设计却有很大的区别，因此需要把握好一定的尺度。儿童房的设计要符合孩子的心理和生理特点，如孩子一般都喜欢幻想，喜欢娱乐游戏，因此可以在儿童房里设计一些具有趣味性的元素，以激发他们的兴趣。儿童房墙面、地面的设计构图应尽量生动活泼，不仅有助于打造出富有童趣的空间，而且还能起到启迪孩子智慧的作用。

⊙ 多个色块组合的地面图案

# 02 儿童房装饰的安全性

Children Room Design

由于儿童生性活泼好动，好奇心强，而且缺乏自我防范意识和自我保护能力，因此安全性是儿童房设计时最需考虑到的重点之一。比如儿童房内最好不要使用大面积的玻璃和镜子；家具的边角和把手不能留棱角和锐利的边角；地面上也不要留容易磕磕绊绊的杂物；电源最好选用带有保护罩的插座等。此外，由于现在住房都以高层楼房为主，因此，为了避免儿童坠落的危险，有窗户的儿童房间一定要加装窗户防护栏，做好安全的防护措施。

⊙ 圆润的家具边角可避免对孩子的伤害

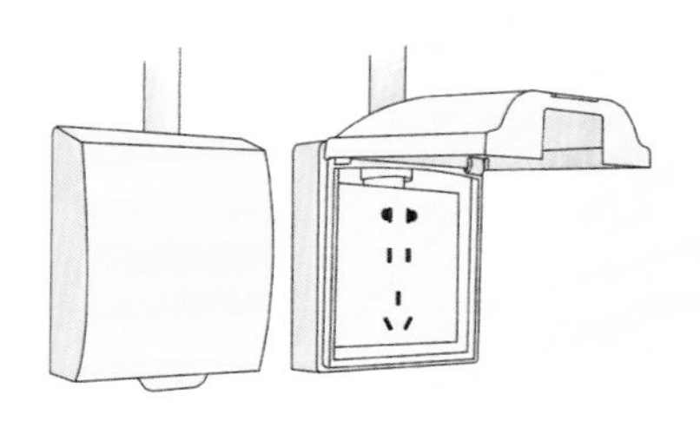

⊙ 插座保护罩

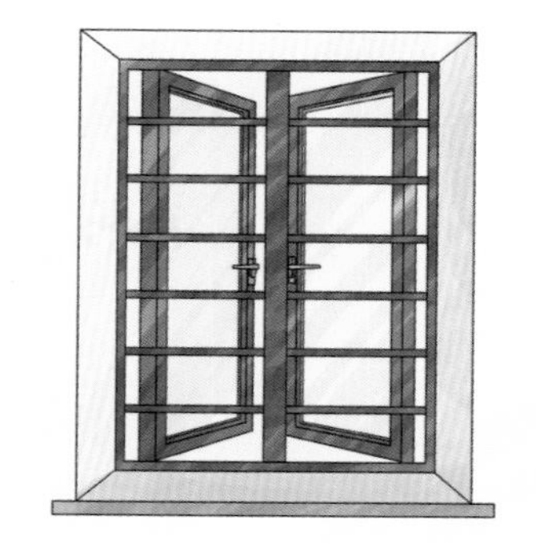

⊙ 窗户防护栏

儿童房装修完成后，应保证有足够的通风时间。在通风时家具的柜门应该全部打开，而且通风时需要避免潮湿多雨的季节，等到房间内彻底没有异味的时候才能够让孩子入住。除了以通风的方式来驱散残留污染之外，还可以在房间中加入适当的绿色植物和活性炭等，在吸取有害物质的同时，还能起到装饰空间的作用。

⊙ 绿色植物和活性炭可帮助去除刚装修好的儿童房中的有害物质

## 儿童房的环境指标

儿童房装修一直是家长们所关心和讨论的话题。而儿童房的环境指标，更是关系到孩子身心健康的重要因素。因此，在装修完成之后，最好请具备相关检测资质的机构对其进行全面的检测，以确保儿童房的安全使用。

| 检测类别 | 参考标准 | 超标所带来的危害 |
| --- | --- | --- |
| 二氧化碳 | <0.1% | 二氧化碳是判断室内空气的综合性间接指标，如浓度过高，可使儿童产生恶心、头疼等不适症状 |
| 一氧化碳 | <5mg/m$^3$ | 一氧化碳是空气中最为常见的有毒气体，会损伤儿童的神经细胞 |
| 细菌总数 | <10CFU/皿 | 儿童正处于生长发育阶段，免疫力比较低，因此细菌超标会对儿童的健康形成威胁 |
| 相对湿度 | 30%~70% | 湿度过低，容易造成儿童的呼吸道损害；过高则不利于汗液蒸发，会使儿童产生不适感 |
| 气流 | <0.3m/s | 气流过大会使儿童产生冷感，并且容易引发感冒 |
| 灯光照明 | 光线分布均匀，无强烈眩光 | 光线过强或者过暗，对儿童视力的发育都有极大的影响 |
| 噪声 | <50dB | 噪声不仅会影响睡眠、分散儿童在学习时的注意力，而且长时间接触噪声可造成儿童心理紧张 |

# 03 不同年龄的儿童房设计特点

Children Room Design

由于儿童在成长阶段的不同时期会表现出不同特点，因此儿童房在装修之初就要考虑到每个年龄段孩子的性格特征。比如婴幼儿时期的孩子，在空间布置方面应以安全为重点；而六岁以上的孩子活泼、好动，富有想象力，此时的儿童房可以多布置一些活动空间；而十岁左右的孩子，不仅要注重个性的培养，还要考虑如何不分散他们在学习时的注意力。由于孩子的成长速度很快，因此有必要每隔三到五年左右对儿童房进行一次设计以及调整，以满足每个年龄段孩子的使用需求，并且更有利于孩子的成长。

+ 逸尚东方设计

## 0~3 岁

### 开始认知色彩和形状

房间以及软装搭配的色彩应尽量搭配三原色，如红色、黄色、蓝色，它们简单、明了，易于儿童识别。装饰品在造型上可以采用较为常见的形状，如圆形、方形等，这样可以让孩子在生活、玩耍的同时，自然而然地接触和学习到色彩和形状的知识。

## 3~6 岁

### 大脑飞速发育的阶段，具有极强的认知和学习能力

在设计时，不必搭配太多的家具，并且应为其提供尽可能多的活动空间，比如利用儿童房的中间地带设计一个活动区。此外，这个时期的孩子想象力极为丰富，因此可以在其房间搭配较多的色彩，让孩子有丰富的想象空间。

## 6~12 岁

### 开始形成自我意识和隐私意识，也是性别区分的主要时期

可以配备一些属于孩子自己的简单家具，如书桌、书架、衣柜等。家具不宜过多，并且应以简单实用为主，旨在锻炼孩子的自理能力。此外，还可以根据孩子自身的喜好搭配一些装饰元素，以增强孩子个性的培养。

## 12 岁以上

### 思维和审美正逐步成型，开始有自己的想法和需求

对于青春期的孩子来说，房间更像是孩子的私人领地，在装饰儿童房时家长应当遵从孩子的意愿，培养孩子独立的思想，可以尝试往房间里增加书架，多放些书，培养孩子的阅读习惯。

# 04 男孩房与女孩房的设计特点

Children Room Design

儿童房的装修除了要考虑到安全、环保以及装饰细节问题之外，还应根据不同的性别以及不同年龄段孩子的特点进行针对性布置。

+ 何敦清设计

## < 男孩房 >

由于男孩子大多活泼好动，而且喜欢探索，因此为男孩房的装修首先要考虑到的就是安全问题。其次，最好在房间里预留出一块活动空间，供孩子玩耍活动。此外，还应为孩子设计一个相对独立以及安静的学习区域。

男孩房在软装布置方面要着重突出趣味性，让孩子能够在一个童趣缤纷的环境里健康成长。男孩一般都会喜欢科技、探索之类的新鲜事物，在装饰上可以考虑多增添一些这方面的元素。

也可以在男孩房中增加一些和运动有关的工艺饰品、装饰画等元素，不仅装饰感强，而且还可以激发男孩的运动细胞。此外，对于男孩来说，玩具是他们认识世界的桥梁。因此，还可以在房间中设置一个玩具台，既可以作为玩具的摆设以及收纳区，避免了胡乱堆放玩具而引起的杂乱感，而且还能起到一定的装饰作用。男孩对于飞机、汽车之类的东西会比较感兴趣，可以摆放一些飞机的模型，汽车之类的卡通玩具，让房间显得更有特色。

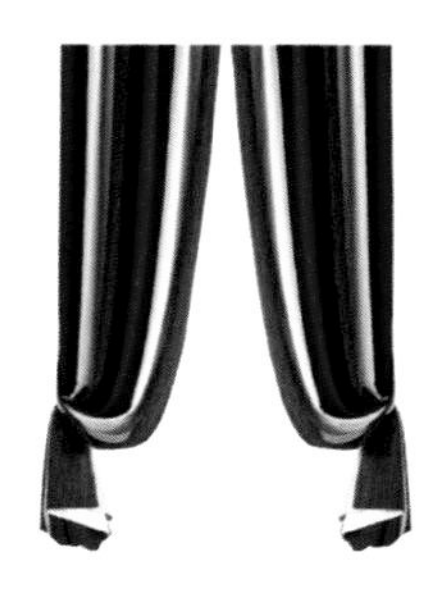

在布艺搭配方面，由于男孩的性格特点使然，可考虑使用简洁大方的设计手法进行搭配。如时尚大方却又不乏童趣的儿童床品，显出阳刚之气的纯色窗帘等，都能让男孩房显现出独特的空间魅力。

## < 女孩房 >

每个女孩都希望能拥有一个神秘且梦幻的空间，而且女孩子都有爱美之心，随着年龄的增长服饰品会越来越多，因此在设计女孩房时要考虑到有足够空间来储存物品。此外，在布置女孩房间时还要满足女孩子爱幻想、爱漂亮、爱整洁的这些心理特点。

女孩房的设计会偏向于可爱、卡通一些，Hello Kitty 元素在女孩房里运用比较多。粉色是每个女孩子都喜欢的颜色，而且能给人浪漫温馨的感觉，因此在女孩房搭配粉色，可以使女孩子的心绪变得宽广和温暖。但女孩房也可以不用大面积地运用粉色系，只需要在细节处体现就好，比如粉色系的床品，让女孩房显得优雅而又精致。此外，浪漫的紫色、玫瑰色、湛蓝色等都是女孩喜欢的颜色。

在浪漫的粉色空间里，搭配一张公主床是必不可少的。公主床的床品对于颜色的搭配和材质的选择都具有一定的要求。亮面材质的床品最好搭配灰色，这样才能压得住亮色，不会因为亮面而显得浮夸。如果是纯棉亚光面料，可以搭配饱和度较低的浅灰、淡蓝等颜色，喜欢清爽可爱一点的，则可以选择白色作为搭配。

PART

2

成长乐园——儿童房设计全攻略

第二章

# 儿童房功能分区

» Children Room Design «

儿童房的布局不仅要综合考虑房间的通风、朝向和采光以及周边环境等因素，还要根据儿童的年龄、爱好、性别等特点进行设计。此外，在设计时还要明确儿童房每个功能区域的划分，如学习区域的装修尽量偏向简单，有利于孩子在学习时集中精神。而娱乐区域的设计，则可以更加活泼，有助于孩子开朗性格的建立和独立个性的培养。

## 01 睡眠区



由于儿童的睡眠时间长且次数较多，因此应在儿童房设计一个安静舒适的睡眠空间。睡眠区的灯光要尽量柔和，还可以布置一些隐形光源，投射出温和的背景光，再搭配星星、月亮形状的顶面造型，营造一个温馨奇幻的空间。睡眠空间的色彩应该以浅色调为主，并适量点缀一些亮色作为搭配。可以在睡眠区挂个小闹钟，培养规律的起居时间的同时，也使孩子潜移默化地有了时间观念。

⊙ 设置隐形光源为睡眠区提供柔和的照明

睡眠空间少不了儿童床的搭配，床既可以是简单的单人床，也可以是带有储物空间的组合床，还可以是下层带书桌、衣柜的更复杂的多功能床，或者是具有趣味性的吊床、充气床、水床等。在为学龄前的孩子选择床具时要着重注意其安全性，可以选择一些带护栏的床具，以免孩子翻滚跌到床下而造成伤害。

⊙ 带护栏的床具更具安全性

⊙ 富有趣味性的卡通造型儿童床

⊙ 连带书桌的组合式儿童床

⊙ 带储物空间的双层儿童床

有些父母喜欢把孩子的床靠着外立墙摆放，认为有利于采光和空气流通。其实，外墙的内外立面在温度、湿度上存在较大差异，因此不利于孩子的健康，所以儿童房的床应尽量放在和其他房间相邻的墙边。由于孩子对光线和风吹比较敏感，所以儿童床最好是摆在通风但不直接面对风口的地方。若面向窗户，则应做适当的遮挡，以免阳光刺激到孩子的眼睛。

## 02 学习区

儿童房学习区域的装饰应尽量偏向简洁，这样有利于孩子集中精神投入学习。学习区域的物品摆放要有规律，这样可帮助孩子在学习时养成有条理的好习惯。孩子的书桌忌用易使注意力降低的花色或亮色。临近的窗户最好贴上一层透光但不透明的膜，这样可以避免孩子在做作业时被室外的景色所影响。

⊙ 利用床一侧的空间打造学习区

由于窗口有较好的采光，因此很多家庭会将孩子的书桌靠窗摆放。但过分的光亮，容易产生的炫光，会使孩子眼部产生疲劳。而一些外部环境较嘈杂、景致不佳的外窗，也会干扰孩子学习时注意力的集中。因此，将书桌临窗摆放的设计应根据整体户型的实际情况而定。

⊙ 与儿童房的衣柜连成一体的组合式学习区

学习区可以做一块黑板，让孩子随便涂鸦、做算术或者记录生活点滴。墙面上还可设计一些贴士板，方便孩子将考试日期、复习要点等随手贴上，提醒自己。

可以利用一些家居小物件来帮助孩子整理书桌，例如小型的收纳盒可以用来放置作业本和练习卷，根据不同学科的设置进行分类收纳，让这些经常丢弃在书桌上的常用物品各归其位。当书桌放不下太多物品时，应充分利用墙面空间来扩大收纳范围，各种开放式造型的收纳柜和收纳架，能让收纳的范围不受限制，以储存更多的物品。

⊙ 利用墙面空间实现学习区的收纳

⊙ 在学习区设计黑板可方便孩子随手涂鸦，启发思维

# 03 储物区

Children Room Design

儿童房也有储物收纳的需要，而且孩子身体长得很快，衣物更新得也快，同时还有很多玩具也需要有一个容身之所。当有了方便合理的收纳之后，孩子知道玩具该放在哪、书本该放在哪、衣物怎样放置，久而久之就会形成良好的习惯。也能培养孩子做事按部就班、有条有理的能力。

儿童房的储物功能主要包括储藏书籍、衣服、玩具等。对于储物区的设计，如果是宽敞的儿童房，可使用独立的衣柜、书柜、玩具箱。通常组合式家具是个不错的选择，一方面可以满足孩子衣服的尺寸改变需求，另一方面通过经常改变家具摆设，可以增强空间的新鲜感。

+ 曹建元设计

儿童房的收纳需在设计之初就做好布局。例如书柜跟床相连，那么靠近床一侧的柜子适合放床头读物，并且方便床头拿取放置，而上课的课本则可以放在远离床的位置。如果孩子在床头看完书之后还需要跑一段路才能收纳起来，就不愿意每次读完书都收纳好，久而久之会养成坏习惯。

另外，儿童房收纳柜内的空间设计也有讲究。如孩子年龄比较小时身高不够，柜内吊挂杆适宜设计在较低的位置，不常用的物品则可以放在高处。

⊙ 利用儿童房的墙面设计搁板与储物柜

⊙ 利用飘窗台改造而成的抽屉柜

## < 床底收纳 >

有些儿童床的床底自带抽拉式的储物柜，使用时拉出来即可，不使用时就收回去，方便小朋友自己随手拿取玩具的同时，也保持了房间的整洁。有些儿童床床底会空出很大的储存空间，与其闲置着，不如放置几个收纳筐，用于存放各种小玩具。

+ 鸿鹄设计

+ GNU 金秋软装

+ 大集设计

+ 天鼓装饰设计

## < 置物架收纳 >

儿童的书籍比较多，普通书柜与儿童的身高有一定的差距。所以，在房间里放置几个可以 DIY 的置物架，可根据儿童的身高进行拼接，收纳书籍、摆件，是一个不错的选择。

## < 搁板收纳 >

搁板收纳相比收纳柜来说会显得更为活泼，因此也十分适合在儿童房里运用。安装在墙面上的搁板，不仅能收纳孩子的玩具以及各种物品，还能腾出更多的地面空间。注意搁板的高度设计应根据孩子的具体身高来定。

+ 吴筱濛设计

## < 储物箱收纳 >

由环保材质制作的储物箱，放置在儿童房一角，不仅可作为玩具的收纳空间，也是儿童衣物收纳的不错选择。而且如果摆放得当，多个叠放也不会影响物品的拿取放置。

# 04 玩乐区

Children Room Design

对于年幼的孩子来说，玩耍是生活中不可缺少的一部分，而且现代儿童教育强调在玩耍中学习。所以在儿童房里规划出一个独立并较为宽敞的玩乐空间，能让孩子在无拘无束的玩乐中快乐成长。对于普通家庭来说，儿童房玩乐的空间其实就是安排好睡眠、学习、储藏区域之后的剩余空间。因此如何做到既扩大玩乐空间又不影响其他功能区发挥作用，是一个值得思考的问题。通常空间较小的儿童房，可以把床、书桌、柜子等靠墙放置，留出足够的活动空间，给予孩子自由的同时，也保证了孩子活动时的安全性。

⊙ 在儿童房中规划出一个独立并较为宽敞的玩乐空间

玩乐区尽量摆放较矮的桌子、小板凳，保证孩子行动自如。球、小火车、拼装玩具、绘画工具这些玩具最为常见，游戏区域要设置收纳玩具的家具，如格子柜、收纳箱等，保证房间整洁。

⊙ 小空间的儿童房应尽量把床、书桌、柜子等靠墙放置，腾出更多的玩乐空间

⊙ 根据孩子兴趣爱好设置的小画室

⊙ 在床一侧设置一个小型的钢琴区

有些家庭为了培养孩子的艺术细胞，会送孩子去学一些才艺，如果学习乐器类比如钢琴、古筝，还需要安排一个空间用于摆放乐器，方便孩子练习。学习画画也需要一个固定的位置摆放画架、颜料、画笔等画具。

## 攀爬类设计

大部分孩子在年幼时都喜欢攀爬，很多家长认为孩子这一举动是顽皮的表现，其实这是孩子了解生活环境的一种特殊的方式。在装修时，可以考虑设计攀爬绳索，为孩子们制造冒险感，满足其好奇心理。

⊙ 攀爬类设计

## 黑板墙设计

孩子都喜欢涂涂画画，所以黑板墙的设计不仅可以满足孩子的随性涂鸦，还能作为装饰提高艺术感。

⊙ 黑板墙设计

# 帐篷设计

小孩子一般不喜欢太大的空间，小巧的帐篷不仅可以给孩子营造一个私密空间，还可以让孩子体验露营的新奇感受。

⊙ 帐篷设计

# 05 展示区

Children Room Design

在设计儿童房时，最好安排出一块展示区域，用于展示孩子的奖状、证书、和其他小朋友互换的小礼品、心仪的玩具以及自己创作的小工艺品等，提升孩子学习积极性和自信心。展示区域不需要特别安排一处空间，融合到书柜、墙壁上即可。同时，展示的部分也可以成为室内装饰的一部分。展示空间的设置，能在很大程度上拉近孩子与空间的距离，从而提升了儿童对房间的亲近感。但注意在布置时应有所取舍，杂乱堆砌容易破坏氛围。

⊙ 在书桌上方的墙面腾出一块墙面展示奖牌，激发孩子的荣誉感和自豪感

PART

3

成长乐园——儿童房设计全攻略

第三章

# 儿童房色彩搭配

» Children Room Design «

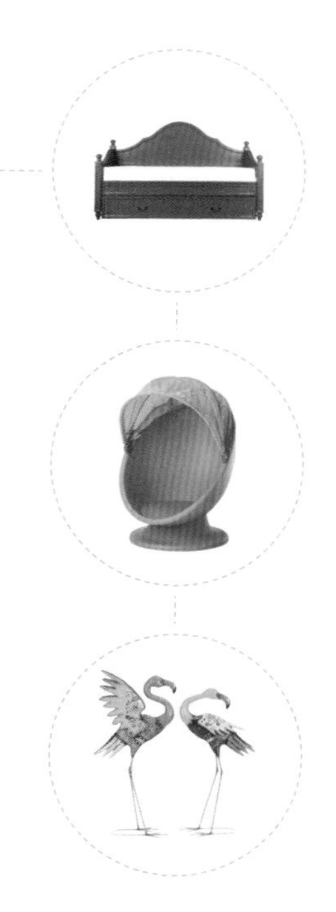

儿童房的色彩搭配不要限制太多，丰富的色彩能第一时间吸引孩子的注意力，有利于开拓孩子的想象力。不同年龄段的孩子对于颜色的感知会有所差别，具体应根据孩子的年龄、性别、性格和喜好进行搭配。

# 01 儿童房色彩搭配原则

Children Room Design

儿童房的色彩搭配应以明亮、轻松、愉悦为主，在孩子们的眼中，并没有什么流行色彩，只要是反差比较大、浓烈、鲜艳的纯色都能够吸引他们的兴趣。因此，不妨在墙面、家具、饰品上，多运用对比色以营造欢乐童趣的气氛。此外，在装饰墙面时，禁止使用那些狰狞怪异的形象和阴暗色调，否则会让小孩产生可怕联想，不利于身心发育。

⊙ 运用对比色营造欢乐童趣的气氛

不同的色彩搭配能为儿童空间带来不一样的装饰效果，如橙色及黄色能带来欢乐温暖的感觉，而粉红色则可以营造出浪漫安静的氛围。在儿童房里，颜色混搭是最多的主题。如果在能够可控的范围内，其实混搭当然是非常好的选择，建议可以考虑挑同类色来搭配喜欢的效果。

⊙ 运用同类色进行多色混搭

采用绚烂的色彩加上童趣图案的墙纸打造出儿童房独特的墙面，这也不失为一个极佳的选择。绚丽的色彩不但可以刺激到儿童的视觉神经，使孩子对形状复杂、色彩鲜丽、有视觉深度的图形产生兴趣，还会促进他们的大脑发育，让儿童拥有无限的想象力，培养孩子思考、感性和想象的能力。

# 02 儿童房色彩类型选择

Children Room Design

⊙ 粉色系的婴儿房

## < 粉嫩色系 >

在粉嫩色系的房间里，孩子会感觉到轻松，渴望与家人有更多的交流。很多儿童家具会推出专门的粉色系家具，既传达出可爱、放松、温馨的感受，同时也是爱意的表现和象征。在具体设计时，床单、墙面、家具等可以选成粉色，其他配饰采用白色、米黄色等。

⊙ 粉色系的女孩房

## < 木本色系 >

自然木本色是很多家庭认可度较高的儿童房颜色。一些儿童家具品牌也始终坚持纯实木、自然本色。木本色来自大自然，所以带给孩子的感觉是安全、踏实。对于容易哭闹、易紧张的孩子来说，采用木本色作为房间主色调是最好的选择。

⊙ 原木色护墙板与实木婴儿床

⊙ 木本色给人温润自然的感觉

## < 田园色系 >

田园绿色也是经常采用的儿童房颜色。设计时建议采用翠绿色，给人的感觉是生机勃勃、清新自然，非常适合孩子们的成长需要。绿色的墙面与白色家具属于经典搭配，抱枕、窗帘、床单、装饰画等则可以采用黄色、淡紫色等进行搭配。

⊙ 满墙的绿色营造生机勃勃的氛围

⊙ 绿色与原木色的结合

## < 兴奋色系 >

相对于舒缓淡雅的颜色，大红色、金黄色、紫红色等这些颜色更加刺激人的视觉神经。将色彩中使人兴奋的成分发射至大脑，从而增加人的活力，带来跳跃的思想，并且更加自信。这种兴奋色系比较适合性格内向甚至胆怯的孩子，但注意最好局部装饰使用。

⊙ 紫红色墙面与顶面及床品呼应

⊙ 高纯度的黄色作为儿童房中的局部点缀

## < 温和橙色系 >

橙色给人的感觉是温暖、踏实，而且男孩、女孩都适用。更重要的是，橙色从心理上可以安抚人的情绪，给人安全感，拉近人与人之间距离。对于性格孤僻的孩子来说，使用温和橙色系不仅可以降低孩子的防范意识，减少对他人的戒备心理，而且更容易和其他小朋友、家人做更多交流。

⊙ 橙色作为主题色，在家具、窗帘以及抱枕中一一体现

⊙ 大面积橙色床头墙活跃了整个空间的氛围

# 03 根据性别设计儿童房的色彩

Children Room Design

儿童喜欢的颜色也与性别以及性格都有着密切的关系，因此应该根据孩子实际情况选择不同的颜色。如男孩房间的色彩一般以青色系为主，包括青蓝、青绿、青色、青紫色。而女孩房则更适合搭配柔和的红色系列作为主色，如粉红色、紫红色、红色、橙色等。

## < 男孩房色彩搭配重点 >

蓝白色系的搭配一般运用在男孩房中较多，但不宜使用太纯、太浓的蓝色，可选择浅湖蓝色、粉蓝色、水蓝色等与白色进行搭配，给男孩房营造出含蓄内敛的气质。还可以利用空间中散落着的玩具、书籍等元素，和蓝白色系的空间基调形成一定的视觉落差，从而制造出更为丰富的装饰效果。

⊙ 蓝白色系搭配的男孩房中穿插着红色、黄色等亮色的点缀

## < 女孩房色彩搭配重点 >

粉色系是女孩们的最爱，在女孩房的窗帘、床品以及装饰品上，巧妙地搭配粉色，能让整体空间显得清新浪漫并富有契合感。此外，还可以在一片粉色的海洋中，适当地加以绿色作为点缀，还能营造出“粉色娇媚如花，绿色青翠如树”的空间氛围，让人仿佛进入了爱丽丝梦游仙境的童话故事中。

⊙ 粉色系的女孩房中适当加入绿色作为点缀

## 冷色调与暖色调的应用

冷色可以联想到蓝色、紫色、黑色以及深灰色，更多的会选用在男孩的房间，暗的颜色如果大面积地使用，空间会呈现比较压抑的视觉效果。在使用冷色系的时候，加一些明度很高的图案，增加一些亮点，具有提亮整个房间的感觉。

暖色系的颜色很多时候会联想到女孩的房间，例如粉红色、红色、橙色、高明度的黄色或棕黄色。这一类的颜色如果大面积地使用不太合适，因为像黄色或者红色等较多地在墙面使用会使人产生视觉疲劳。

PART

4

成长乐园——儿童房设计全攻略

第四章

# 儿童房装饰材料

» Children Room Design «

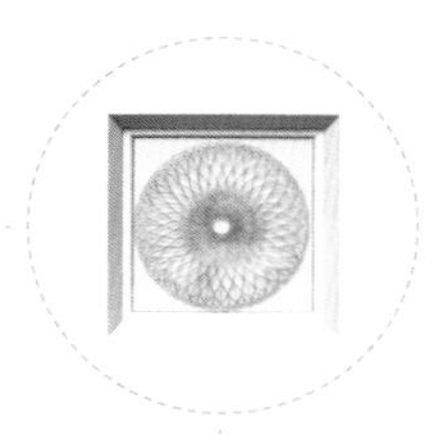

+ S.U.N 设计

为了孩子的健康成长，儿童房在装饰材料的选择上应以无污染、易清理为原则。应尽量选择天然的材料，并且中间的加工程序越少越好。此外，在装修儿童房时，尽量选择一些简单的设计，不仅能减少辅料的使用，而且也减少了一些不必要的繁复施工。

# 01 顶面材料

Children Room Design

越来越多的家长都开始重视儿童房的设计与装饰，尤其是儿童房吊顶，更是儿童房中不可忽视的装修项目。为儿童房设计一个完美的吊顶，不仅能给孩子一个舒适的生活环境，而且还能有助于提升孩子的睡眠质量。在为儿童房设计吊顶时，家长不能以自己的审美来决定，由于孩子们有着天真活泼的天性，因此在吊顶的设计上可以运用一些富有创意的卡通造型，也可以添加星空之类的元素，提升孩子的想象力。

儿童房的吊顶材料必须环保和安全，现在市面上吊顶材料众多，常见的较为环保的吊顶材料有铝扣板和木质材料等，都适合运用在儿童房的吊顶设计中。而且儿童房的吊顶施工质量一定要过硬，以避免在后期居住过程中出现任何的意外。此外，吊顶的颜色和款式搭配要符合儿童的审美特点，并且尽量不要做很厚重的吊顶，不然会使孩子在睡觉的时候产生压迫感。

⊙ 将儿童房顶面刷成蓝色，搭配白色墙面，让空间充满清新之感

⊙ 木质吊顶除了环保之外，还能让空间变得更有层次感

# 02 墙面材料

Children Room Design

## < 环保型墙漆 >

墙漆是儿童房墙面装饰最常使用到的材料。儿童房作为孩子生活起居的地方，进行任何装修时都应以健康和安全为前提，墙面刷漆这个环节更加需要注意，不仅要选择环保的墙漆，同时也要注意刷漆的工艺。在涂料的选择上，应当尽量避免色彩过于艳丽的墙漆，因为这些墙漆中重金属的含量也相对较多，而浅色的墙漆含铅量比较少，因此比深色的墙漆要安全一些。此外在购买墙漆时要看清产品的检测报告，尽量选择 VOC（挥发性有机化合物）含量低的产品。

⊙ 儿童房必须选择环保性较高的墙漆，以保证室内空气的清新

2017 年《儿童房装饰用内墙涂料》国家标准正式发布，并于 2018 年 5 月 1 日起正式实施，该标准适用于以合成树脂乳液为基料，与颜料、体质颜料及各种助剂配制而成的，施涂后能形成表面平整的薄质涂层的内墙涂料，包括面漆和底漆，主要用于儿童房、幼儿园等儿童活动场所内墙墙面装饰。

## < 色彩及图案丰富的墙纸 >

儿童房的墙面还可以选择铺贴墙纸的方式进行装饰。墙纸主要采用木质纤维加工制造而成，因此相对于涂料而言其环保性会更高一些，而且墙纸的种类和风格都比较多，图案、色彩都很丰富，因此很适合运用在儿童房的墙面装饰。根据色彩心理学的研究，墙纸的颜色和图案可以影响孩子的情绪，因此在为儿童房搭配墙纸时一定要结合孩子的实际情况进行综合考虑。男孩女孩的心理和爱好各不相同，因此在墙纸的颜色搭配上也有所区别。如男孩房可以用一些蓝、绿、黄等配上蓝天、大海等主题的图案，这样能满足男孩子对大自然的渴望。而女孩房则可以用一些粉红、粉紫、湖蓝、暖黄等配上一些花花草草的装扮，打造出一个清新活泼的公主房。

⊙ 铺贴童话图案墙纸满足女孩的公主梦

⊙ 迎合男孩子喜好的飞机图案墙纸

## < 自然健康的硅藻泥 >

儿童房的墙面使用可塑性极强的硅藻泥也是一种理想的选择，在装饰时可做出丰富的肌理效果。例如可以用硅藻泥将孩子喜欢的图案做在墙壁上，不仅可以装饰房间，同时也满足了孩子的爱好需求。由于硅藻泥的主要材质是天然硅藻土，不仅可以吸收空气中的异味，而且其色彩温和柔软，对于孩子的呼吸、视力都有着一定的保护作用。

⊙ 选择硅藻泥作为儿童房墙面材料，给孩子营造宁静的睡眠环境

## < 发挥孩子创造力的黑板墙 >

如果能在儿童房中设计一面黑板墙，就多了一个让孩子能够随着想象挥手涂鸦的空间。黑板墙既有装饰房间的作用，同时也为小朋友创造了一个相对自由的创作空间。

在为儿童房设计黑板墙时，应选择安全环保的黑板漆。油性黑板漆味道大，而且不环保，因此不推荐在儿童房中使用。儿童房更适合搭配水性黑板漆，水性黑板漆是一种环保型黑板专用漆，无毒无味，而且不含重金属以及游离 TDI（甲苯二异氰酸酯）等对人体健康及环境有损害的物质，符合儿童房环保涂料的特性要求，是一种性能优良的新型涂料。

⊙ 选择水性黑板漆更具安全环保性

⊙ 黑板墙既有装饰房间的作用，同时也为孩子创造了一个相对自由的创作空间

⊙ 富有趣味的墙绘图案改变白墙的单调感

## < 活泼个性的墙绘 >

墙绘是一种快速实现儿童房墙面换容的简易方法。与墙纸相比，墙绘比较随性、富有变化。让孩子既能畅想王子公主的美好爱情，又能感受维尼熊家族的生活乐趣，还能实现生活在“海底世界”的美好愿望。儿童房墙绘一般选择卡通和童话图案，不同的孩子对卡通图案的喜好不同，大多数时候可以根据他们的喜好来绘制。有些孩子并没有特别喜欢的图案，所以图案应当多元化，给孩子一定的想象空间和启发性。

⊙ 利用墙绘装饰门后的死角空间

# 03 地面材料

Children Room Design

由于孩子的身体处于发育状态，而且对有害物质的抵抗能力较弱，因此儿童房对地板的环保性要求很高。在选购地板的时候，要注意查看地板的环保级别，最好选购环保级别为 E0 的地板，以减少对孩子的伤害。此外，由于孩子喜欢赤脚在房间里走动，因此最好选择脚感较好、较为柔软的地板，并且需具备一定的防滑性，以防止孩子摔倒。

⊙ 地板与地毯的组合是装饰儿童房地面的最佳选择

由于很多孩子平常比较好动，因此为了不影响楼下住户，最好在儿童房里使用静音效果较好的地板，如需要，还可以搭配地毯的使用，不仅可以减少噪声，同时还能给儿童房制造出更为温馨的氛围。在选择地毯时，要注意地毯的质地，避免使用易燃和易掉毛的产品，以免给孩子的上呼吸道健康造成影响。此外，儿童房地板必须便于清洁，不能有凹凸不平的花纹或者接缝，否则不仅不利于打扫，而且凹凸花纹及缝隙也容易绊倒蹒跚学步的孩子。

⊙ 双层地毯在增加隔声效果的同时更富装饰性

PART

5



第五章

# 儿童房灯光照明

» Children Room Design «

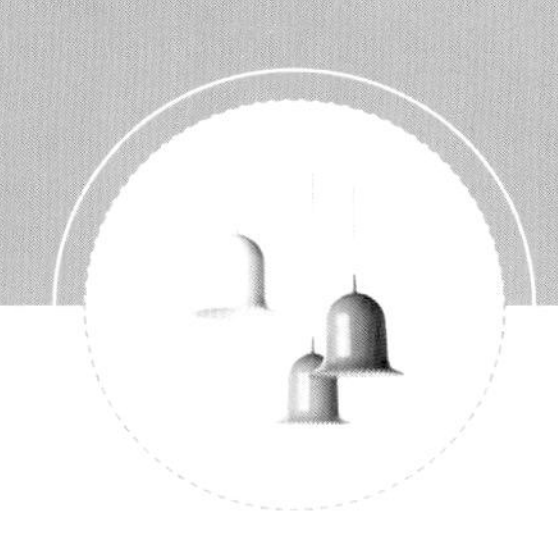

+ 许彦文设计

儿童房的灯光照明是家居照明系统的重中之重，因此针对看书、玩乐、休憩、夜间照明都需要精确的灯光设计和灯具选择。在儿童房中，对灯具的要求较高，光线柔和、健康、亮度足够、造型可爱等，给房间予以足够的温暖和安全感。

# 01 儿童房灯具选择

Children Room Design

儿童房所选的灯具应在造型与色彩上给孩子一个轻松、充满意趣的光感，以拓展孩子的想象力，激发孩子的学习兴趣。由于每个孩子的兴趣不尽相同，因此在挑选装饰灯具时，应该听取孩子的意见，或者让孩子也参与挑选。

挑选儿童房的中央吊灯时，可以考虑选择一些在造型、色彩上充满童趣的灯饰为佳。一方面可以和空间中其他装饰相匹配；另一方面，童趣化的灯饰一般成本不是太高，便于今后根据儿童的年龄段随时调换。一般木质、纸质或者树脂材质的灯饰更符合儿童房轻松自然、温馨而充满童趣的氛围。

⊙ 彩色的鸟笼铁艺吊灯富有童趣

由于孩子缺乏基本的自我保护意识，因此在为儿童房设计照明时，必须将电线入墙，严禁电线外露，以免孩子拿电线玩耍造成触电的危险。儿童房灯具位置的设置，应确保留有足够的安全距离，以免孩子触碰到灯泡的表面，带来烫伤的风险，最好是选择封闭式灯罩的灯具。此外，还应避免在儿童房内放置落地灯，以减少安全事故的发生。

## 02 儿童房照明重点

Children Room Design

活泼且充足的照明，不仅能让儿童房的空间更加温暖，而且还有助于消除孩子独处时的恐惧感。儿童房应避免只有单一照明开关回路，而应设置不同回路，以符合睡眠、游戏、阅读等不同使用需求，灯具最好选择能调节明暗或者角度的类型，一方面由于孩子在房间里的活动区域较多，灯具角度的调节可以满足不同区域的照明需求；另一方面可在夜晚把光线调暗一些，增加孩子的安全感，帮助孩子尽快入睡。

⊙ 除了提供充足的照明之外，儿童房宜选择能调节明暗或者角度的灯具

床头灯虽然能为空间带来更多的光线，但孩子的视力非常脆弱，难以承受光线的直射。而且近距离的床头灯电磁辐射会对儿童的大脑发育产生不良的影响。因此，在设计时要保证孩子躺在枕头上看不到灯头。此外，虽然镜子和光滑的材质能在一定程度上改善室内的光亮度，但强烈的反光会损伤孩子的视力，因此在设计时要控制好与光源的反射角度。

⊙ 儿童房应避免床头灯光线直射，否则会对孩子的健康造成影响

# 03 儿童房照明方式

Children Room Design

由于孩子在玩耍时、学习时以及睡觉时所需要的照明都是不一样的，因此儿童房的照明设计不能太过单一，一般可分为整体照明、局部照明两种。当孩子游戏娱乐时，以整体照明为主，而且其光线应尽量柔和，有益于保护孩子的视力。在学习、读书以及手工制作时，则可选择在局部增加辅助灯饰来加强照明。此外，适当的搭配一些装饰性照明，则可以让儿童房空间显得更富有童趣。

⊙ 线形灯缠绕在树枝造型的壁饰上作为装饰性照明，烘托儿童房的氛围

吊灯作为整体照明，其光线应尽量柔和，有益于保护孩子的视力

以嵌入式筒灯作为储物区与帐篷处的局部照明，方便在夜间拿取物品

可调节角度的台灯作为学习区的局部照明，创造一个安静的学习环境

## < 整体照明 >

儿童房的主照明一般以吊灯、吸顶灯为主，灯具的造型可以适当活泼一点，如星星月亮造型、小动物造型、卡通人物造型等都是很好的选择。儿童房的整体照明设计，要以给孩子创造舒适的睡眠环境和安静的学习环境为原则，因此其灯光宜柔和，并且应避免光线直射入眼。此外，主灯在色温上以暖色为宜，温暖的光线不仅对视力有保护作用，而且能够营造出温馨的气氛。

⊙ 飞机造型吊灯作为整体照明

⊙ 以隐藏的灯带作为儿童房的整体照明，柔和的光线起到保护视力的作用

## < 辅助照明 >

儿童房的局部照明以壁灯、台灯、射灯等来满足不同的照明需要。此外，为儿童房设置一些如壁灯、射灯等富有装饰性的灯具，不仅能让儿童房的光影效果显得更加多元化，而且还能为空间营造出天真烂漫的氛围。

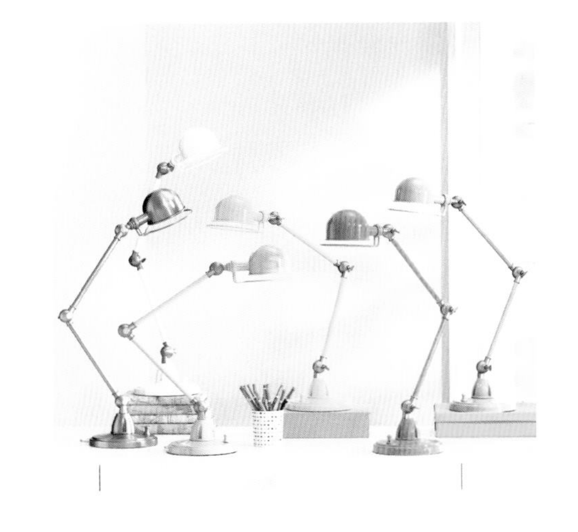

⊙ 可调节角度的摇臂式壁灯代替台灯作为学习区的局部照明

对于正处于学龄时期的儿童来说，学习是目前最为首要的任务。由于在功课和作业时非常需要一个良好的照明环境，因此可以在书桌上摆放一盏精巧别致的护眼台灯，以满足孩子学习时的照明需求。需要注意的是，台灯的电源插座一定要固定在高处或者儿童不容易碰到的地方，以避免发生意外事故，对孩子造成伤害。此外，还可以在儿童房里安装一盏低瓦数的夜灯，让孩子在夜间醒来时更有安全感。

⊙ 兼具装饰与实用功能的粉色台灯为学习区提供了一个良好的照明环境

优质的护眼台灯具有发光均匀、照明面积大、无眩光和阴影的特点。不少儿童护眼台灯为了提高照度，会选用色温较高的发光源提供照明。其实不同的色温对眼睛的刺激是不同的，过高的色温更容易使眼睛产生疲劳感。对于护眼灯产品而言，其发光色温应该与上午 10 点左右的自然光相接近。

## 04 ▶ 儿童房照明误区

Children Room Design

### 灯光过亮损伤孩子视网膜

儿童房的整体光照度要高于成人房间，因为儿童需要明亮的视觉感受，但在亮度上一定要适当，如果灯光过于明亮、耀眼，长久处于这种光源下，孩子的视网膜会受到不同程度的损害，不仅会为近视埋下隐患，而且还会让孩子出现注意力不集中、食欲下降、情绪低落等表现。

### 满足不同区域的光线需求

儿童房兼具游戏、学习、睡眠等多项功能，而不同的功能区，对于光线的要求也会有所不同。

| 区域 | 照明要求 |
| --- | --- |
| 游戏区 | 可以作为整个房间的主光源，光的强度和面积都可稍大一些 |
| 学习区 | 光线强度适中，但要集中一些，由于孩子的视力还没有发育成熟，太亮的光线会损害孩子的视力，光源的面积太大也会使孩子的注意力不集中 |
| 睡眠区 | 光线要尽量柔和、温暖，这样有助于孩子获得安全感，对睡眠有帮助 |

照明误区

2

## 灯光颜色过多令孩子烦躁不安

很多家长喜欢用五颜六色的灯光装点孩子的房间，殊不知这些看似漂亮的灯光，已经成为了一种彩光污染。此外，在儿童房里安装大量没有重点的灯光，也不是一种安全的照明设计，因为长期处于这样的灯光下，不仅会使孩子过于兴奋，夜间无法很快入睡，而且还会干扰孩子的大脑中枢神经，影响孩子的心理健康。

## 避免不均衡的照明方式

儿童房中的灯光颜色不宜过多，同时一处过亮而其他部位过暗，这也是不均衡的设计方案，因此，除了主光源之外，可以适当增加一些如壁灯、落地灯、台灯等辅助性的光源，通过光的强弱、空间位置、角度的不同来调节与室内的光差，以此来缓解孩子眼睛的疲劳和不适。需要注意的是，在搭配时灯具的数量不宜过多，只需满足儿童房实用性的照明需求即可。

PART

6



第六章

# 儿童房家具布置

» Children Room Design «

在给儿童房选配家具的时候，其选择标准是不同于成年人房间的。成年人更加看重实用与风格搭配，儿童房则更注重安全和健康。此外，儿童房是孩子的专属空间，所以在为其搭配家具时，一定要先和孩子进行沟通，并且积极听取他们的意见，根据孩子的想法搭配出来的房间，才是最适合他们的。

# 01 ▸ 儿童房家具的选择要点

Children Room Design

活泼好动是儿童与生俱来的天性，但由于孩子的心智发育未全，在生活中不会很好地保护自己，因此儿童房家具的棱角、边缘最好选用圆角收边，尤其是书桌、柜子这类家具的边缘不能留有尖角。此外，防夹手设计对幼龄儿童来说也是极为重要的，所以儿童房柜子和抽屉都需要配上防夹手设计，以免在推动抽屉或是拿取物品时发生夹伤的危险。

⊙ 出于安全性考虑，儿童房书桌、柜子等家具的边缘不能留有尖角的存在

选择定制型的儿童房家具，不仅对保护孩子脊椎、视力等方面有着关键性的作用，而且还能让空间布局显得更为宽敞合理。另一方面，儿童房家具的设计要尽可能地考虑到孩子的成长速度，因此可以选择一些可调节式的家具，不仅能跟上孩子迅速成长的脚步，而且还能让儿童房显得更富有创意。

⊙ 定制型的儿童家具量身制作，可让空间更加宽敞合理

## < 不同时期的儿童房家具选择 >

◆ 年龄 ◆

0~3

岁

◆ 家具特点 ◆

安全、健康、舒适

◆ 功能需求 ◆

营造舒适的睡眠和活动空间

◆ 家具特点 ◆

色彩明快、富有趣味性

◆ 功能需求 ◆

注重家具的收纳功能

◆ 家具特点 ◆

功能完善、空间利用合理

◆ 功能需求 ◆

兼顾娱乐和学习两种功能、为上学做好准备

◆ 家具特点 ◆

具有读书功能、强调安全性

◆ 功能需求 ◆

各个功能兼具、培养兴趣爱好

+ 赵芳节设计

◆ 年龄 ◆

# 10~13岁

◆ 家具特点 ◆

强调学习功能、舒适性更强

◆ 功能需求 ◆

合理规划收纳空间、提升孩子的生活自理能力

# 02 ▸ 儿童房家具的功能尺寸

Children Room Design

## < 儿童床 >

学龄前的宝宝，年龄 5 岁以下，身高一般不足 1m，建议选择长度 100 ~ 120cm、宽度 65 ~ 75cm 之间的床，此类床高度通常约为 40cm。

学龄期儿童则可参照成人床的尺寸来购买，即长度为 192cm，宽度为 80cm、90cm 和 100cm 三个标准，高度在 40~44cm 为宜。这样等孩子长大后，床仍然可以使用。

如果户型空间有限，没有条件设置多个儿童房，但家中有两个孩子的家庭，可以考虑在儿童房搭配双层造型设计的儿童床。虽然这样的设计会让孩子缺少私人空间，但对于培养孩子之间的亲密感情还是非常有好处的。如今双层儿童床款式十分多样，已经不是以前那种床上架床的呆板设计，甚至还会附带围栏、滑梯等配件，小小的细节设计却显得极为贴心。对于年纪在 5 周岁以下、身高不到一米的儿童来说，其双层床之间的距离不可小于 95cm，这样才能确保下层床有足够的活动空间，不至于碰到头部，以减轻身处下床孩子的压迫感。在长度上，一般都是以 1.2m 的规格进行设计的。

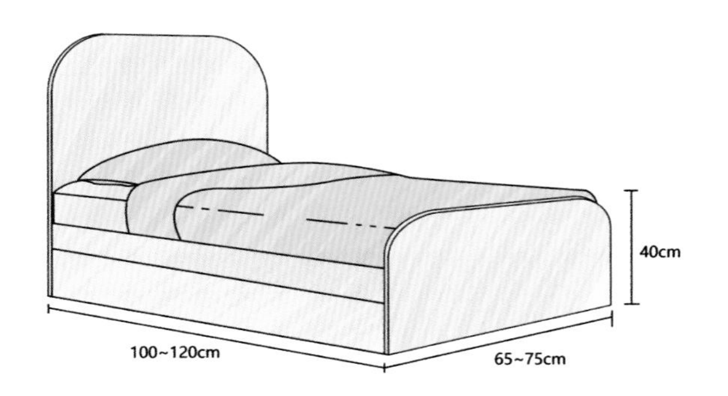


⊙ 学龄前的宝宝床常规尺寸

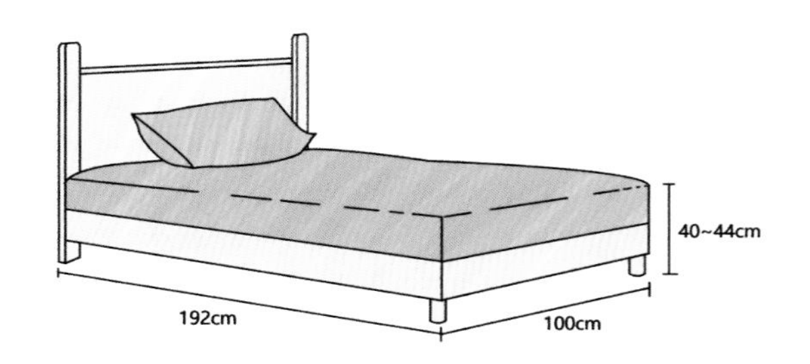


⊙ 学龄期儿童床常规尺寸

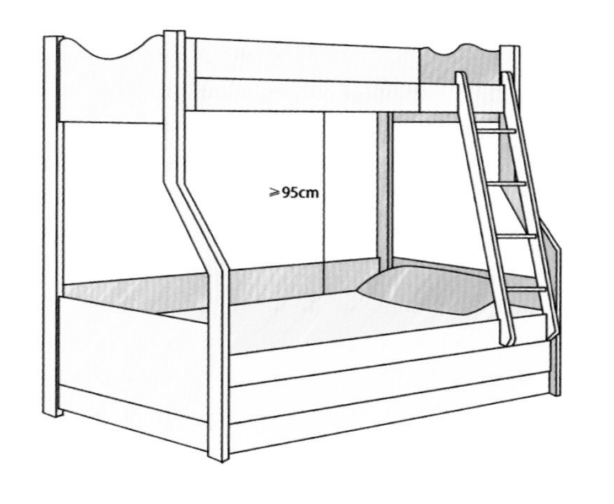


⊙ 双层高低床常规尺寸

## < 儿童书桌 >

书桌作为儿童房家具的重要组成部分，在选择时一定要严格要求。材质、安全系数等都要考虑周全，这样才能保证孩子健康、高效、快乐地学习。书桌椅的尺寸要与孩子的身高、年龄以及体型相结合，这样才有益于他们的健康成长。一般来说，儿童书桌的标准尺寸为长 1.1~1.2m，高 0.73~0.76m，宽 0.55~0.6m；椅子的标准座高为 0.4~0.44m，整体高度不超过 0.8m。这样的尺寸规格基本上可以满足学龄孩子的使用需求。如果不想频繁更换孩子的书桌，还可以选择能调节高度的升降式儿童书桌，这样就可以随时根据孩子的成长进行调整，以达到最为舒适的使用效果。

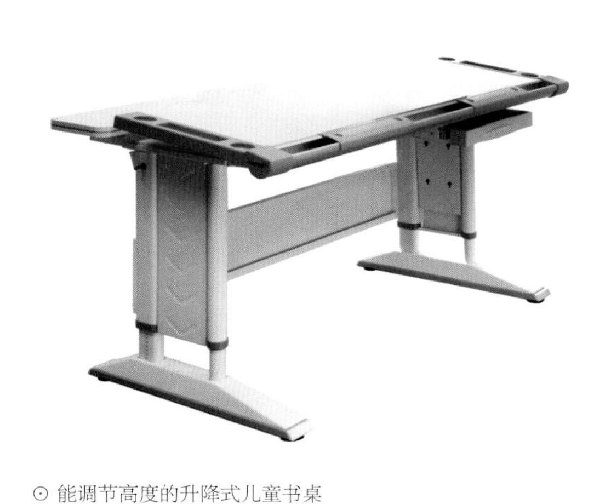

⊙ 能调节高度的升降式儿童书桌

1.1~1.2m
0.55~0.6m
0.73~0.76m
≤0.8m
0.4~0.44m

⊙ 儿童书桌椅尺寸

## ★ 一体式书桌

一体式的书桌，在孩子学习时，如果需要找资料，随手就可以拿到。

## ★ 转角书桌

在房间飘窗处的小转角里设计一个小型转角电脑桌，右侧还可以增加一个多功能式组合柜。虽然空间不大，但能为孩子提供一个独立学习的空间。

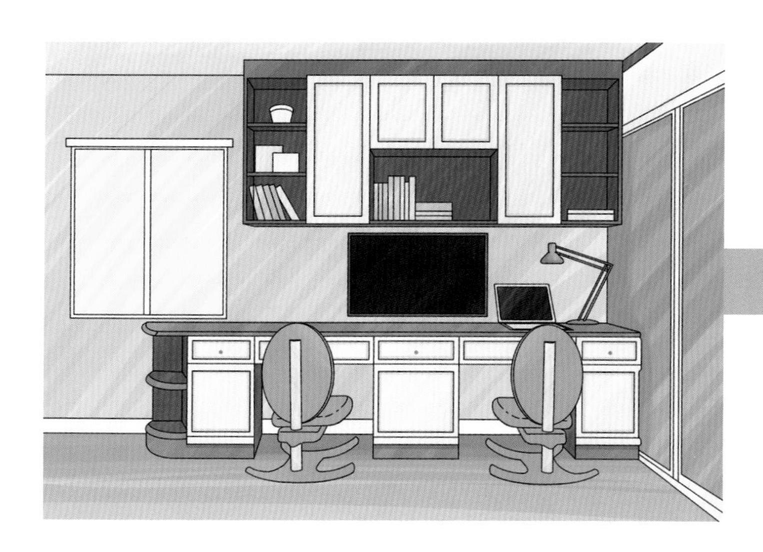

## ★ 双人书桌

两张书桌拼搭在一起，不仅最大程度地利用了空间，而且可以让两个孩子作伴，增添学习的乐趣。

## < 儿童衣柜 >

儿童房的衣柜在尺寸选择上要有很好的灵活性，要有发展的眼光。虽然孩子在很小的时候不需要很多的收纳功能，但还是应该尽量不要太小。这样孩子长大了，衣服等东西多了之后也可以应付自如。所以定制儿童房衣柜最好要到顶，衣柜的深度一般在 0.55~0.6m 最为适合，而衣柜的宽度就要根据房间的大小而定，宜宽不宜窄。

⊙ 到顶的衣柜满足儿童成长的收纳需求

# 03 儿童房家具的布置要点

Children Room Design

相比大人的房间，儿童房需要具备的功能更多，除睡觉之外，还要有储物空间、学习空间以及活动玩耍的空间，所以需要通过设计使得儿童房空间变得更大。建议把床靠墙摆放，使得原本床边的两个过道并在一起，变成一个很大的活动空间，而且床靠边对儿童来讲也是比较安全的。

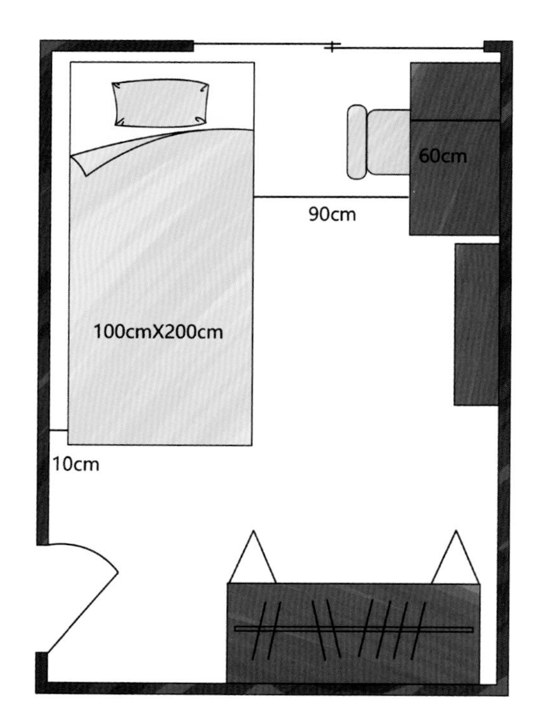


⊙ 狭长形的儿童房格局，睡觉、学习、储物三大功能一个不少，并将书桌背床而放，更能使孩子专心学习

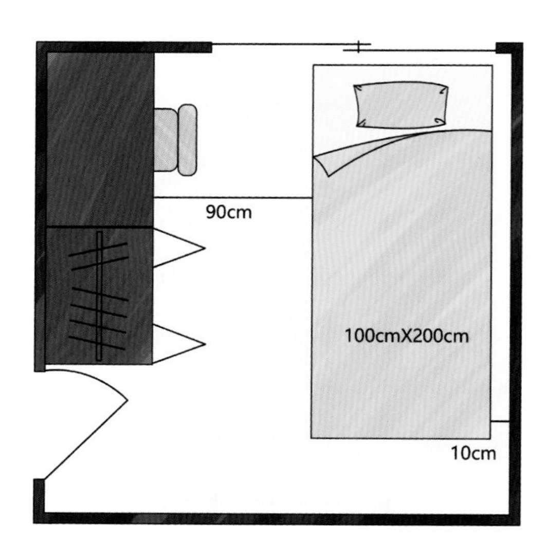


⊙ 正方形的儿童房格局，将书桌和衣柜并排摆放，与床之间留出合适的距离。这里也可以将书桌与柜子组合设计

有的儿童房空间小到摆下一张1.2m的床以后，连书桌都放不下了。这时候可以选择定制90cm的榻榻米床。一般儿童床的长度在190cm即可，床尾利用垂直空间做定制收纳柜，与书桌连在一起。这样孩子可以方便地拿到常用的衣物，而不常用的物品则可以收纳到榻榻米床里面。

面积较小的儿童房还可以考虑功能的灵活组合。例如中高床的下方不仅可以增加收纳用的抽屉柜，还可以放进可移动的书桌。当需要玩耍时，将书桌推进中高床之下，也是一个较好的解决方案。要提醒的是，很多组合家具会将收纳柜、书柜等与书桌结合，并做成吊柜的形式。如果这样的话，柜子的高度一般离地50cm以内，或者要在儿童的身高以上，避免柜子的尖角对孩子造成磕碰。

⊙ 小面积儿童房可定制宽度为90cm的榻榻米床，并在床尾设计衣柜与书桌相连

⊙ 中高床的下方设计可移动式书桌

PART

7

成长乐园——儿童房设计全攻略

第七章

# 儿童房布艺搭配

» Children Room Design «

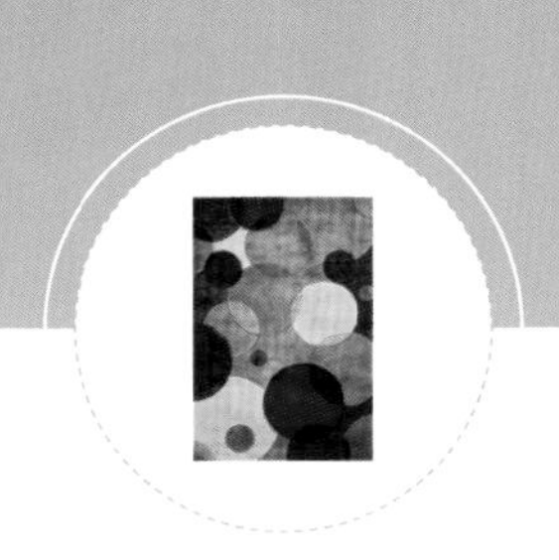

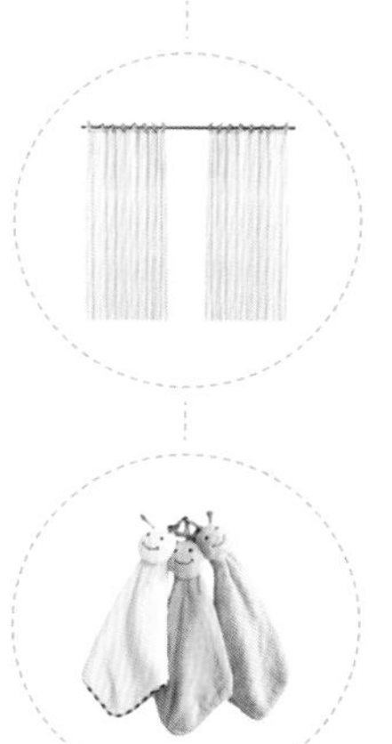

儿童房的布艺色彩搭配应清新活泼，在布艺的图案搭配上，可以选择浪漫的花卉或可爱的动物元素，这些与自然相关的元素不仅深得孩子们的喜爱，而且还有助于为儿童房打造出活泼浪漫的空间氛围。此外，儿童房的布艺材料还要柔软亲肤，让孩子们在布艺的呵护下健康快乐地成长。

# 01 儿童房窗帘

Children Room Design

窗帘对于儿童房来说不仅可以起到遮挡强光和调节房间光线的作用，而且还具有画龙点睛的装饰效果。儿童房的窗帘应选择使用纯天然质地的布料，如纯棉、亚麻等，这些材料不仅手感舒适，而且清洗起来也十分方便。更重要的是不含有害化学成分，因此不会对孩子的健康造成影响。挑选儿童房窗帘时，不要采用落地帘，最好用短帘。窗帘杆的造型应该尽量简单并且安装要牢固，以免因孩子的拉、拽而轻易脱落。

由于孩子天性活泼，因此儿童房窗帘的颜色也可以丰富一些。而且窗帘的图案也可以卡通一些，Hello Kitty、米老鼠、小熊维尼等都是孩子们喜欢的卡通人物，带有卡通图案的窗帘既能起到遮挡阳光的作用，还能为儿童房增添一抹童真。也可以选择一些带有星星和月亮图案的窗帘，这些图案能起到平复孩子心情的作用，让孩子更容易入睡。还可以根据孩子喜欢的类型来选，如男孩可能会选玩具车、帆船之类的图案，女孩喜欢梦幻一点的卡通图案，比如白雪公主等。

⊙ 蓝白色系窗帘是男孩房的常见选择

⊙ 甜美公主房主题的儿童房少不了粉色窗帘的点缀

⊙ 带有卡通图案的窗帘为儿童房营造活泼有趣的氛围

如果儿童房的采光条件比较好，可以选择厚一些的窗帘，厚窗帘不仅遮光性好，而且还具有一定的隔声效果。而采光一般的儿童房则可以选择搭配薄一些的窗帘，不仅可以柔和屋内的光线，也不会影响到采光，使空间明亮。此外，还可以安装两层窗帘，一层薄的一层厚的，这样结合起来不仅使用方便，而且灵活性也更强。

## 02 儿童房床品

Children Room Design

床品是孩子每天都要亲密接触的物品，而且孩子皮肤娇嫩，因此在为儿童房选择床品时绝不能马虎大意。因为床品是与孩子肌肤直接接触的物品之一，因此以棉质为佳，并且活性印染优于涂料印染。另外，枕套以及被套上拉链的工艺舒适度，也是选购时要注意的细节之一。需要注意的是，一些如亮片、珠子、扣子、带子等小配件、小辅料太多的床品不适合孩子。此外，为儿童房搭配的被子不能太过厚重，以免影响孩子呼吸、翻身等动作，而且还应根据季节变化和室内温度，选择不同材质、厚度的被芯，天然填充物的羽绒被、蚕丝被、棉被等都是很好的选择。

+ 林福星设计

⊙ 营造梦幻公主房氛围的粉色床品

+ 何敦清设计

⊙ 棉质床品是儿童房的最佳选择

除了被子外，枕头也是儿童房床品搭配中非常重要的元素。枕头过高、过低都不利于孩子的睡眠和身体的正常发育。因此，应根据孩子不同的年龄段以及实际情况使用不同高度和宽度的枕头。此外，枕芯的软硬要适中，最好选择透气性以及吸湿性好的填充物。由于孩子的新陈代谢旺盛，头部出汗较多，加之口水等浸湿枕头，使致病微生物粘附在枕面上，容易诱发颜面湿疹及头皮感染。因此儿童房的枕头不仅要勤换枕头套，而且还应定期对枕芯进行晾晒杀菌处理。

⊙ 儿童房中的枕头最好选择透气性以及吸湿性好的填充物

# 03 儿童房地毯

Children Room Design

地毯是一种有别于地砖、地板的软性铺装材料，其良好的防滑性和柔软性可以使人在上面不易滑倒和磕碰。因此，在儿童房内铺设地毯，不仅可以增添空间的时尚感，而且由于孩子喜欢在地面上摸爬滚打，地毯可以遮盖住冷硬的地面，并在孩子玩乐时起到一定的保护作用。与地板、地砖相比，地毯因其紧密透气的结构，可以吸收及隔绝声波，因此具有良好的吸声和隔声效果，不仅可以保持室内的安静，还能防止孩子在玩闹时声音太大而影响到楼下的住户。

在儿童房的地面铺设图案丰富、色彩绚丽、造型多样的地毯，不仅可以提亮整个空间，而且还可以激发孩子的好奇心和求知欲。此外，儿童房的地毯尺寸应尽量大一些，同时最好在地毯和墙面之间留出 200~300mm 的距离，以显露出原有的地板，从而使外露的地板可以框住地毯，并且有助于固定房间里的家具。如果儿童房的空间较小，则可以考虑标准的矩形和方形地毯。

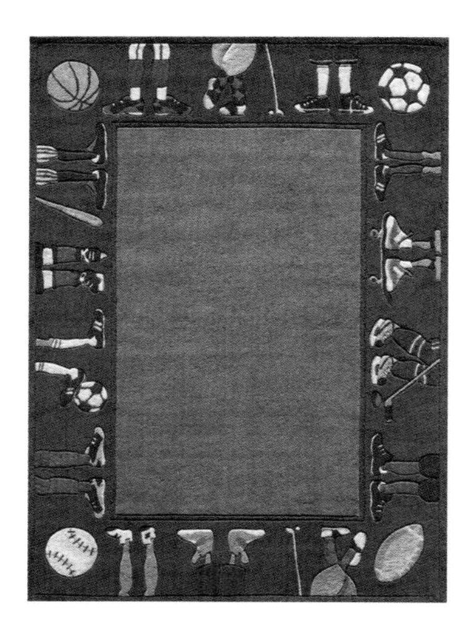

常见的儿童房地毯图案

由于孩子在嬉戏时常会坐在甚至是趴在地毯上，因此在为儿童房搭配地毯时一定要确保其安全性以及健康性。羊毛地毯不仅会随着时间的推移而变软，而且经久耐用，更重要的是，它是一种天然纤维，因此非常适合运用在儿童房的空间中。

⊙ 羊毛地毯质地柔软，在儿童坐在或趴在地毯上嬉戏时可起到一定的保护作用

由于地毯的毯面一般为密集的绒头结构，具有很强的纳尘能力，因此尘土容易附着在地毯上。此外，孩子常常会将果汁、食物屑等弄到地毯上，如果清洁保养不及时，容易滋生细菌、螨虫。为了保证孩子的健康，应尽量选择质量可靠、不易吸尘滋生细菌的地毯，并且还要经常对地毯进行清洗消毒。

PART

# 8



第八章

# 儿童房软装饰品

» Children Room Design «

在为儿童房搭配装饰品时，首先要确保安全性，其次要考虑到是否符合孩子的喜好，以及对孩子的成长和学习是否有帮助等。为满足孩子丰富的想象力，还可以为儿童房搭配一些诸如蓝天、白云、绿草、小动物等与大自然有关的装饰元素。这样的设计对于孩子幼小的身心能起到良好的促进作用。

# 01 装饰画

Children Room Design

儿童房的主题与色调以健康安全、启迪智慧为主，装饰画的颜色选择上多鲜艳活泼，温暖而有安全感，题材可选择健康生动的卡通、动物、动漫以及儿童自己的涂鸦等，以乐观向上为原则，能够给孩子带来艺术的启蒙及感性的培养，并且营造出轻松欢快的氛围。

⊙ 卡通题材装饰画

⊙ 小幅装饰画做点缀

为了给儿童一个宽敞的活动空间，儿童房的装饰应适可而止，注意协调，以免太多的图案造成视觉上的混乱，不利于身心健康。儿童房空间一般较小，所以选择小幅装饰画做点缀比较好，太大的装饰画会破坏童真趣味。但注意，在儿童房中最好不要选择抽象类的后现代装饰画。

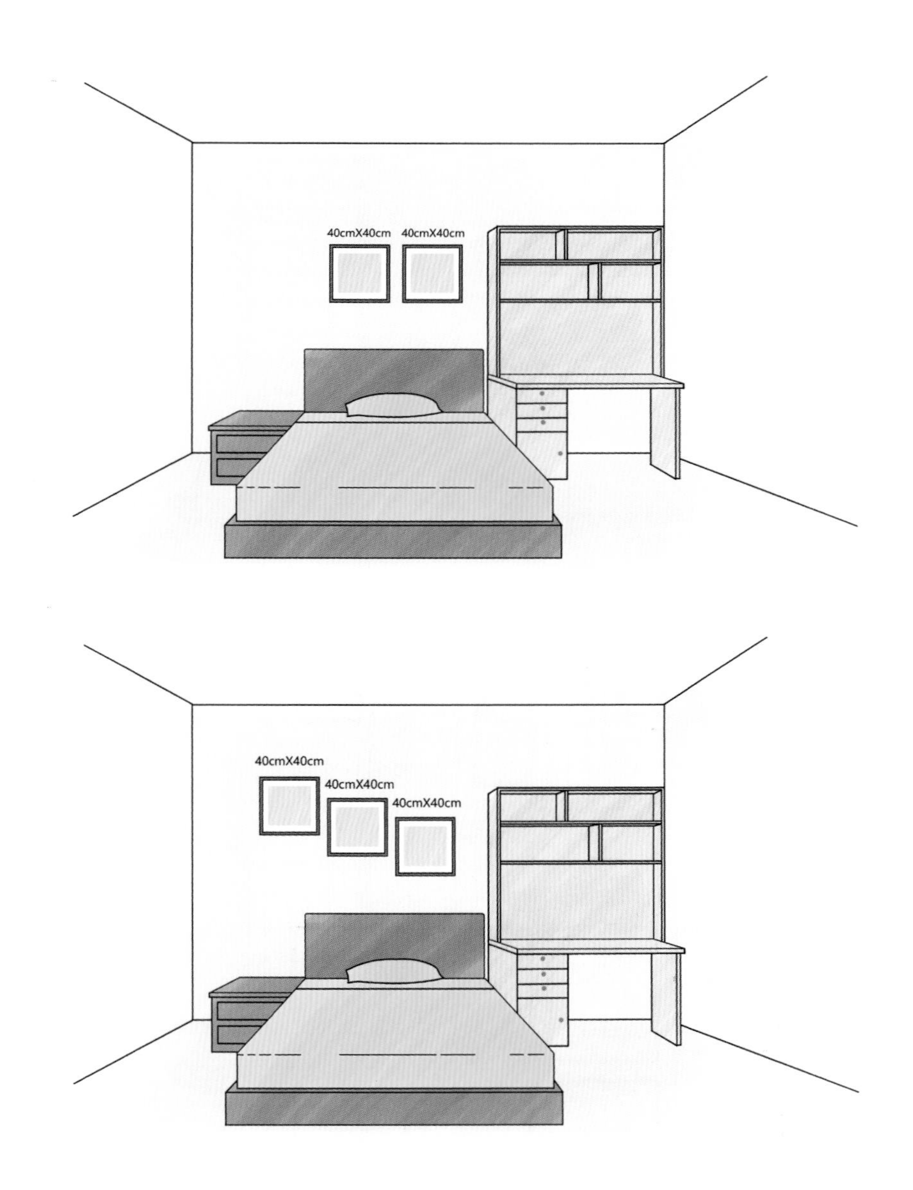


⊙ 儿童房装饰画搭配方案

## 02 照片墙

Children Room Design

孩子在成长的过程中，父母总会为其拍摄很多有趣的照片，因此可以在儿童房设置一面照片墙，为孩子的照片提供一个绝好的展示空间。孩子的世界是没有任何规律可言的，所以在设计照片墙时，不妨参考一下凌乱美的设计手法，任凭孩子自己的第一感觉进行搭配，呈现出童真的设计美感。如果是女孩房的话，则可以考虑设计心形的照片墙。不过心形照片墙在安装过程中难度比较大，因此对于照片的尺寸以及具体的分布需要进行合理的设计。

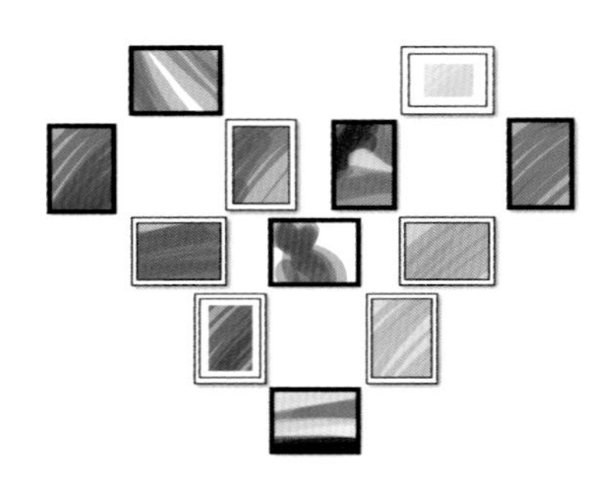

儿童房心形照片墙方案

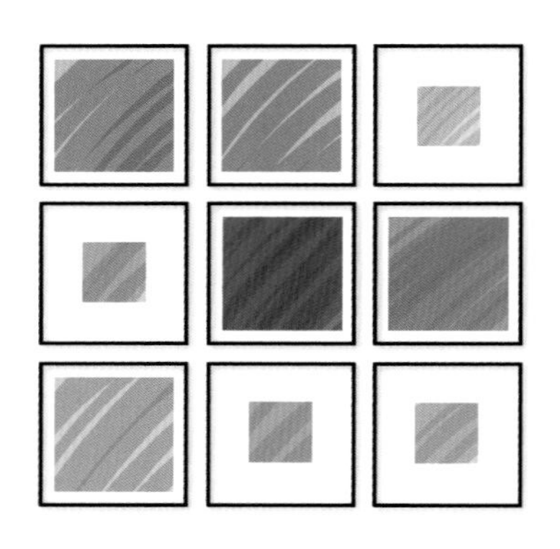

儿童房正方形照片墙方案

儿童房不规则形照片墙方案

儿童房长方形照片墙方案

儿童房圆形照片墙方案

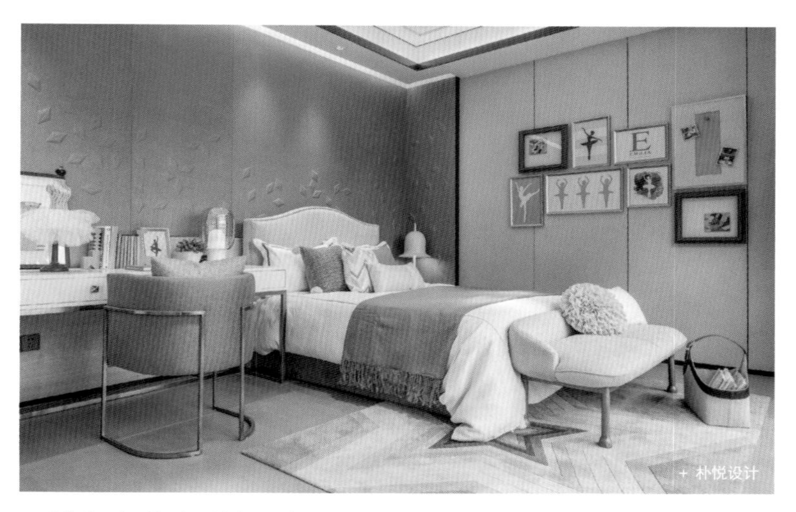


⊙ 以儿童兴趣爱好为题材的照片墙，留住孩子成长的点滴

⊙ 照片墙不仅能增添儿童房的童趣，还能丰富孩子的想象空间

# 03 工艺饰品

Children Room Design

儿童房装饰要考虑到空间的安全性以及对身心健康的影响，通常避免大量的装饰，不用玻璃等易碎品或易划伤的金属类挂件，并留出更多的空间用于孩子自主活动。现在市面上有很多富有个性以及金属感的铁艺饰品，其别致的造型能为家居增添不少艺术氛围，但出于对儿童安全的考虑，最好不要将其摆放在儿童房内。有很多装饰品都添加了香精，虽然能使空间弥漫香味，但会分散孩子的注意力，而且对呼吸道健康也有一定的威胁，因此最好不要在儿童房摆放带有香味的装饰品。

⊙ 女孩房中粉色花卉造型的壁饰

⊙ 孩子启蒙教育的世界地图造型壁饰

儿童房的布置应创新有童趣，颜色相对鲜艳而温暖，墙面上可以是儿童喜欢的或引发想象力的装饰，如儿童玩具、动漫童话壁饰、小动物或小昆虫壁饰、树木造型壁饰等，也可以根据儿童的性别选择不同格调的壁饰，鼓励儿童多思考、多接触自然。

⊙ 寓意乘风破浪的船舵壁饰

⊙ 展现力量的卡通造型壁饰培养孩子勇敢坚强的品质

PART

9



第九章

# 儿童房设计实例解析

» Children Room Design «

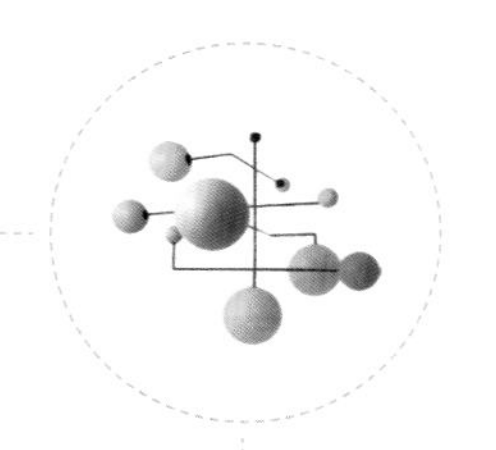

儿童房的设计和孩子们的生长阶段密切相关，根据不同年龄和性别的特点，对儿童房的设计也各有侧重。而一个称得上成功的家居设计案例，一般能将儿童房设计得既有个性又具有实用价值，很容易给人留下深刻的印象。

# 01 温馨婴儿房设计

Children Room Design

## 咖啡色婴儿床营造安静的睡眠空间

采用立体方块图案装饰的背景墙，配以米黄和浅蓝色，温暖而柔和。浅灰色布艺沙发、白色顶面以及飘窗，都为室内带来温馨感，并且呼应着背景墙的色彩。蓝色地毯为柔和的空间增添了一分硬朗，而绿色地球仪又为室内增添了一分活力。咖啡色的婴儿床在暖色系中又透露出一种沉稳，为孩子创造一个安静不浮躁的睡眠空间。

## 以素雅题材打造中性色调的婴儿房

柔和的黄色地毯、婴儿床的布艺用品以及沙发、窗帘的色调都较为接近，给室内带来了温馨舒适的氛围。单调的灰色墙面上加了点艺术色彩，恰好呼应着窗外的景色。在窗前布置一个舒适柔软的沙发，有助于营造一个温馨舒适的成长空间。

## 涂鸦有益于激发孩子的思维活力

婴儿对世间万物都会很新奇，特别是对颜色很敏感。空间采用柔和的米黄色作为主基调，白色的床为婴儿创造一种干净清新的环境，柔软的灰色坐垫增加空间的安全和舒适。一张黄色沙发椅为卧室增添了亮点，同时缓和了空间色彩对比。背景墙上的涂鸦为室内带来了一股快乐、自由的气息，而且还有益于激发孩子的思维活力。一间装满了五颜六色的空间，能够让婴儿更加快乐地成长。

## 利用色彩互动营造温馨舒适的婴儿房

大面积的粉色地毯呼应着粉色的布艺窗帘。粉色台灯、布艺娃娃以及悬挂在墙上的粉色装饰品，为室内营造了浓郁的少女气息。深灰色墙面在与粉色系的互动下，为空间增添了一丝沉稳内敛的气质，而百叶窗的运用，则给室内带来了一丝温和感。

## 点缀红色为空间注入一丝活力

婴儿床的背景墙是以几种不同颜色的线条作为装饰，墙上红色水波纹挂画呼应着抱枕的图案以及被红色渲染的大象，为空间注入了一丝活力。侧面三扇窗都以线条打造，透着窗外绿荫的色彩犹如挂画一般，更好地为室内带来生机。台灯的暖光也呼应着空间的色彩，为宝宝营造倍感温馨的成长氛围。

## 以星空为设计主题的婴儿房空间

整面背景墙以深蓝色为主，用白色点出来星星月亮，为空间带来温暖的视觉效果。地毯红绿混搭的色调，犹如一幅画让室内充满了生机。布艺沙发和婴儿床的色彩都以柔色为主，让室内空间变得更加温馨。深蓝色布艺窗帘与星空墙产生呼应，窗外的绿色又为室内带来了一分清新感。

## 搭配动物娃娃培养孩子的辨别能力

室内空间以干净的浅色及白色为主色，为室内空间营造了温馨浪漫的环境，且与造型小灯照出来的柔光有着呼应的效果。一张橙色的收纳柜点亮了空间，同时也平衡了空间单调的色彩。墙壁上的挂画可以提高孩子的专注力以及对色彩的认知，各种动物娃娃能够培养孩子的辨别能力。窗台上的植物不仅使室内充满了生机，而且还能陪伴孩子健康成长。

## 动物元素挂画为空间营造生机

房间两边的墙面都以粉色为主色调，温馨感十足。墙上的动物挂画为空间营造生机勃勃的氛围，并且带来了更多的温暖。绿色的布艺窗帘和粉色空间形成了强烈的对比效果，绿色椅子则为室内创造了一分清新感。柔和的窗帘飘纱让空间变得更加温馨。

温馨婴儿房

## 黄色圆形布艺地毯为空间营造温馨感

童趣十足的婴儿房，卡通婴儿床的纱帐，收起时犹如一个白雪公主陪伴着小宝贝。大面积的白色墙面，为室内创造了干净通透的环境。圆形布艺地毯是空间里的视觉焦点，犹如一个大太阳为室内空间创造温馨感，且与黄色小椅子遥相呼应。墙上的挂画和壁灯给空间增添了童真趣味，呼应着窗帘的小图案。

温馨婴儿房

## 利用深浅色搭配营造空间平衡感

采用线条和几何图形设计的婴儿房，能给婴儿带来视觉上的发现。深色与浅色的色调搭配，给空间营造出一种平衡感。墙上装饰灯对应着地毯与婴儿床的结构，以线条状为主的几何图，再搭配精致的布艺，给房间带来了别样的艺术气息。摆放婴儿房的家具时，应尽可能留出用于活动的空间，以满足婴儿的成长变化。

## 采用柔和色彩有助于婴儿生长发育

以小清新为主题创造温馨、端庄、优雅的婴儿房。灰白色的地毯与墙壁的色调一致，软装的色彩搭配也是相互对应的，绿色布艺小凳对应着窗帘的色彩，为室内增添了一道亮点。装饰橱柜摆放和墙上的装饰品都以对称式布置，让空间多了几许优雅。色彩柔和的地毯给孩子留出充分的活动空间。

## 打造沉稳安静的婴儿房环境

墙上几幅浅蓝色挂画与深蓝色的对比，有利于宝宝对色彩的区分，画上的多种色彩也是吸引宝宝眼球的亮点。质感十足的布艺窗帘，呼应着陈设的台灯和相框。灰色家具以及布艺井井有条地出现在空间中，呈现一派理性且安静的氛围。暖色系毛绒玩具为空间增添了一分温馨和柔软。

## 以简胜繁让儿童房更显清爽干净

本案的空间设计是以简胜繁为装饰主题。婴儿床的背景由白底墙搭配黄色菱形网面来装饰，为室内营造出一种温馨感，这种温馨的色彩也呼应着空间里的每个角落。婴儿床上的黄色布艺、抱枕的黄色以及壁架上的黄色字母，都给空间带来了很多温暖。气质灰的婴儿床搭配银色大圆镜，给空间增添了沉稳的气息。

## 圆镜壁饰为婴儿房营造温暖氛围

以祥云和飞鸟为主题的壁画，使婴儿房灵动而自由。一面白色的圆镜壁饰，削弱了壁画背景的杂乱感，犹如一个太阳照亮满屋，不仅营造了温暖的氛围，而且还与黄色地毯形成呼应。书架上各种书籍为宝宝带来更多的知识，软装的色彩搭配也更好地切合主题。

## 绿白色条纹背景墙书写春天的色彩

贯穿于绿白之间的背景墙抒写着春天的色彩，采用手工绘画的一面墙恰好也对应着春天。粉色地毯配在黄色木地板中间，给室内增添了年轻的色彩。为了能丰富孩子的知识，在窗下打了两排放图书的架子，孩子长大些取书籍时十分方便。

## 02 甜蜜公主房设计

Children Room Design

**空间主题**

糖果色的空间，精美的内饰，满足了所有少女内心的公主梦，高贵典雅、美轮美奂。

**硬装设计**

通过华丽繁复的线条造型、灯具饰物，局部加以色彩的跳跃和碰撞，打造甜蜜的欧式风格空间。床头背景采用整墙板的护墙板造型，以金边白色木饰面搭配金色壁挂饰品，中间芯板位置以灰绿色软包作为装饰，整体设计富有节奏感。提升空间档次、美观效果的同时，还可以吸声、减噪。多个小灯有序地安装在顶部石膏上，照亮室内每个角落的同时，也为卧室增添了温馨感。

**配色重点**

空间颜色大量留白，床具、矮柜皆以复杂的图案纹样表现高级感，仅点缀灰粉、桃红为亮点，与灰绿色碰撞融合，凸显时尚美感。黑框落地窗加户外露台，搭配粉绿色欧式窗帘，更显高贵典雅气质。

**软装细节**

窗帘采用波浪造型的帷幔，精致与浪漫并存。卡通猫元素的椅子点缀了一分诙谐幽默，粉色台灯元素搭配粉色花瓣的地毯，卡通娃娃搭配蕾丝床品，整体呈现出满满的少女情怀。

## 以撞色搭配打造个性空间

天蓝色的高靠背床体和墙面颜色是空间中的过渡色。蓝色床头背景墙及金色包边为背景装饰，配上同样红黑撞色的圆形装饰画，为整个空间增加造型以及色彩上的对比，个性十足。床头两侧的下垂式床头灯也为整个画面增加了灵动之感。以蓝粉色调点缀金色，配以丝绸白纱窗，通过色彩和材质的矛盾碰撞，尽显空间品质感。

+ 千寻软装设计

## 纯色软装能避免空间视觉杂乱

床体与书桌之间做了一个半包围的装饰墙体，在视觉上把空间分成了两部分。床头的墙面做了兼有装饰和储物功能的格子，整体风格属于甜甜的公主风。墙面以粉色带有花朵装饰的墙纸为装饰，椅子和窗帘则采用了紫色，主次分明又具有梦幻色彩，体现时尚沉稳的空间质感。以纯色软装进行搭配，有效避免了空间效果杂乱和喧宾夺主。

+ 东方婵韵软装

+ 大森设计

## 低调奢华的公主风空间

通过富有层次感的灯带吊顶，以及床头背景墙上的几何图案装饰，辅以金色包边造型，打造出了轻奢气质的公主风空间。绿色的床体与粉色墙面形成鲜明对比，床体的绒面布艺增添了质感。灰色几何图案的地毯与床头背景的造型图案相呼应，衣柜以纯白色辅以简约的几何线条造型，营造低调奢华的感觉。墙面的火烈鸟装饰画，其色调与空间整体风格相协调。白色大理石材质的桌面和浅咖色的地板相得益彰，空间整体软装颜色搭配统一。

+ 方黄设计

## 立面装饰镜<br>提升空间层次感

跌级加灯带的吊顶造型，是现在比较流行的一种顶面处理方式。整体空间以现代简约风格为主格调，墙面、椅子及床饰的大面积粉色，使整体风格偏向于粉嫩的公主风。白色的桌子及柜体与粉色搭配作为调和色，使视觉感受不会过于粉气，地面灰粉色的整铺地毯搭配软装给人温柔舒适的感觉。由于空间色调多样且缺乏平衡点，故设计立面装饰镜，扩大空间视觉效果的同时，融合边几以优化角落空间层次感。

+ 合术建筑设计

## 搭配白纱床幔<br>使空间清新而甜美

简洁的吊顶造型搭配奶绿色的墙面，营造出清新的空间风格。白绿相间的双色窗帘与墙面颜色形成递进关系，白色床体的卡通靠背搭配白纱床幔，使整体风格于清新中带有甜美的公主风。淡粉色的床饰、椅子及墙面的圆形装饰画，使房间充满着童真与梦幻。

+ GNU 金秋软装

## 榻榻米加柜体<br>让空间利用最大化

在空间宽度较窄的情况下采用满打榻榻米加柜体的形式，能最大化地利用空间。床体与飘窗相连，增加孩童玩耍空间，墙面上方一排柜体可以有效地发挥储藏功能，规避空间较小的不足，左右墙面采用米色与灰色对比，不会显得空间单调，辅以装饰画及装饰元素，使得整个空间温馨又粉嫩。

## 空间主题

梦幻紫搭配金色修饰，高级质感立显。白纱帐篷形成的休憩角柔化硬朗线条感，宛若一位高贵甜美的公主立于眼前。

## 硬装设计

灰色墙面结合白色墙裙式护墙板，打造低调轻奢的空间风格。高贵大气的紫色书桌进一步奠定了高雅低奢的气质，金色细脚的椅子凸显了空间细节的精致。墙角白色下垂的帷幔形成一隅独立的空间，墙面白底规则的装饰画与护墙颜色相统一，增添优雅的艺术氛围。咖啡色木纹理的地板则使整体空间更加时尚稳重。

## 配色重点

紫色书桌的桌角、柜体的金色边框、椅子的金色椅脚以及金色的台灯，这些细节元素彰显了主体对比细节统一的处理手法，营造精致轻奢的空间风格。

## 软装细节

动物主题的装饰画上，一抹粉色不仅呼应了紫色的书桌，也让空间增添了一分快乐诙谐感。白色纱幔帐篷和同色的地毯布置，更显舒适与温馨。

## 粉绿色系搭配 简单且不失华丽

印花图案的绿色壁纸给人以清新的感觉，同时床体的靠背造型考究，搭配同色系水晶边框装饰画，给整个空间增添了一丝贵气。选择同色系的窗帘和地板，增加了空间的延展性。空间里的整体软装延续了粉绿色调，两个色系的搭配使整个空间清新中带有典雅，简单又不失华丽。金色细脚的桌椅则为空间增添了一分品质感。

## 搭配卡通装饰画 营造童真趣味

空间以简约风格为基调，浅灰色墙面搭配简约的床头吊灯，个性又时尚。造型独特的床体与圆形床头柜相结合，再配上卡通味十足的装饰画，整体风格于个性中不失童真趣味。圆形的柜体造型独特又神秘，色调的搭配也趋于统一，整个房间宛如现代化的童话世界。

## 嫩粉色展现<br>柔美的空间品质

层次鲜明的线性吊顶搭配暗花的浅色墙纸，营造简约活泼的少女风格，配合白色波点窗帘，整体空间明亮轻快。粉色软包靠背造型的床体充满了少女感，同色系的床头柜和粉色兔耳造型椅，更是体现了女孩子可爱的心境。墙面的小动物装饰画也为整个房间增添些许活力。嫩粉色的空间既不俗气，又显得明亮轻快。在精致双层吊顶和灯光设计下，空间高贵柔美的品质感一览无余。

## 恬静而灵动的<br>公主风空间

柔和的灯带吊顶搭配浅咖色墙面，营造出了温柔少女感的氛围。高靠背的白色床体和粉白色的床饰，与床头的床幔颜色相协调，并作为空间的主体元素奠定了可爱的公主风格。白色的床头柜与台灯以及床具相统一，窗帘的粉色与绿色的结合为空间增添了韵律之感，恬静中带有灵动，温柔中不失活泼。

## 乐器装饰赋予空间艺术气息

整体空间以现代简约的风格为基调，搭配灯带吊顶及浅色墙纸使整体色调偏暖。粉色的床饰是整个空间的视觉焦点，床头背景墙上的琴器装饰使空间充满少女感和艺术气息。写字台柜体以原木色为基色，并在视觉上给人一种半独立的感觉。台面上方用下垂式的吊灯作为装饰，让人在书写时能够心情沉静。浅色的地板则给人以温暖柔和的感觉。

## 富有特色的北欧风格空间

通过蓝色与米色拼接造型的床头背景墙，以及具有北欧特色的墙面挂件，可看出整体空间装饰以北欧风格为主。大小对比鲜明的墙面装饰画增添了空间的活泼感，以多彩别致的装饰品作为亮点点缀，丰富了空间内容。床体与墙面之间的空隙做成储物格，巧妙地利用了墙角空间，节省空间的同时又能起到装饰作用。

+ 美度设计

+ 彭海涛设计

## 球衣图案地毯凸显青春运动感

层次鲜明的石膏线条辅以简约黑色线条装饰，打造现代简约的空间风格。床头背景墙以蓝色纹理壁纸装饰，搭配造型简洁的白色靠背床体以及静物装饰画，给人以干净舒适的感觉。整体空间的亮点在于床饰、椅子和地毯的红色调，由于地面跟墙面的颜色偏冷，因此与红色调形成强烈对比。同时，地毯的样式选择了球衣的图案设计，充满青春活力。床体跟床头柜的白色为调和色，使得整体颜色相协调，充满野性又不失时尚。

+ 宁洁设计

## 搭配红色帘幔打造异域公主风空间

印花图案的红色床幔及窗帘，充满了古朴的异域贵族气息。城堡式的床靠背造型彰显了少女的公主梦，搭配同色系的粉色墙，使整体空间增添了清新乖巧的格调。搭配印花床饰及娃娃装点空间，典雅而不失可爱。

空间主题　中性色调点缀亮色活跃空间，更添整体时尚高级质感，冷静淡雅中凸显一抹娇俏。

硬装设计　床头以灰色格子造型为装饰，两侧床头灯以下垂式的造型呈现，符合当代简约时尚的流行趋势。床头柜与床尾墙柜皆选用简约风造型，结合白色几何图案的地毯，提升了空间的时尚品位。

配色重点　空间以经典的气质灰为主色调，安静沉稳，也是当前简约风格惯用的主色调。柜体内部的洋红色作为空间的点睛之色，体现品质感。巧妙地搭配跳色以及造型简洁的柜体灯具，给人以稳重安静之感。灰色布艺窗帘配以白色飘纱，迎合了卧室的主色调，同时也带来了一分宁静。

软装细节　白色地毯上凹凸造型的几何图案，呼应了床头白色的背景硬包。白色的暗纹壁画增添了空间里的艺术气息。白色床品搭配白色的百合花素，浪漫高雅。洋红色的花束配以洋红色的抱枕和壁柜，凸显了精致讲究的装饰哲学。

+ 乐尚设计

## 视觉效果强烈的现代时尚空间

吊顶采用一侧暗藏灯带的方式体现，床头背景以木饰面为装饰，抽象的大幅装饰画搭配色彩对比明显的紫色调床体，营造出视觉感强烈的现代风格空间。飘窗以黑色大理石台面为基色，白紫纱及白底花色窗帘为软装装饰，以局部混搭但整体协调的方式，将硬装与软装色调巧妙结合。整体空间搭配大胆，打造强烈的视觉效果，让现代与时尚相统一。

## 以红色与灰色的冲撞营造视觉亮点

通过简约的石膏线条及灰色的墙面饰面板，打造出了现代轻奢的空间风格。红色床体与灰色墙面形成强烈对比，增加了空间的活力和视觉亮点。简约的白色床头柜辅以简单的线框造型装饰及白色台灯，显得简约时尚。整体空间配色大胆，并极具观赏品位，同时也提升了空间的品质。灰粉色调组合时尚前卫，再以纯白作为背景色衬托，清爽又不失小资情调。床边的舞鞋和蕾丝裙，充分体现出少女的柔美和曼妙。

## 巧妙布局让空间功能多样化

粉色墙面的五角星门洞犹如进入另一个魔幻世界的大门，将整个空间分成两部分。半独立的休息空间，以粉绿色蕾丝纱幔为装饰，犹如一座公主的甜蜜城堡。空间的另一侧作为书房呈现，墙面的层板及粉色书桌点缀以小木马、画板元素，满足学习功能的同时，也可作为玩乐的空间。粉色可爱的靠背椅以及粉色小地毯与整体风格相统一，兼具美观与实用性。

## 粉嫩的公主小乐园

粉嫩的墙纸、窗帘无不彰显着这是一个公主的世界。空间整体布局以储物学习为主，同时还具有一定的娱乐功能。一面墙体做成开放式的储物柜，面对窗户放置写字台，搭配可爱的椅子和地毯，将其打造成一个公主的小乐园。整墙的公主裙和皇冠饰物，能起到装饰空间的作用。

空间主题

利用红色系搭配简化国旗式样床幔，仿佛热情的异国公主置身其中。巧妙利用原始结构，空间设计宛若天成，主题空间功能完备且不显局促。

硬装设计

利用空间的原始结构在床体上方增加围帘的设计，将其围合成一个独立的空间，显得精致且富有设计感。大面积淡粉色波点图案的壁纸，与床饰颜色形成对比，相互调和。拐角处巧妙地做成兼具储物和展览功能的空间，书桌采用与壁纸相近的色调，使整体风格相统一。椅子与床前的围帘颜色均采用明亮的橘色作为空间的跳色。画架则体现出了空间的艺术性与独特性，而且与可爱俏皮的装饰风格相协调。

配色重点

整体以淡粉色波动图案壁纸为背景，配以米白色的家具木作，温馨典雅。从壁纸中提炼出粉色作为窗帘的主色，配以同色的椅子浪漫感十足。灰绿色的床品与之形成对比，整体空间浪漫却不过分甜腻。

软装细节

书桌靠墙而放，节约了空间，一把经典造型的椅子涂上粉色，焕然新生的气质呼应了生动的软装布艺。绿色窗景透过窗户呈现在床边，契合了绿色布艺床单，让卧室多了份小清新的感觉，同时也给空间带来了生机。

## 组合抽象装饰画 凸显俏皮空间风格

活泼是童年的代名词，整个空间给人以青春俏皮的氛围。墙面大小组合的抽象装饰画，与另类涂鸦的高脚圆桌一起作为整个房间的亮点，凸显了随性俏皮的儿童风格。粉色带有床裙的床单跳脱中不失少女感，灰格彩点圆毯既调和了空间色彩，又统一了整体调性。各元素相辅相成，和谐统一。

+ 庆于计设计

## 利用大提琴作装饰 彰显高雅气质

床体和地毯的高贵紫是空间的视觉焦点。通过灰色的墙面、白色的二级吊顶辅以装饰线条打造现代风格。简约白色的床头柜搭配插花和装饰摆件，进一步与现代风格相呼应。咖啡色地板时尚不失沉稳，白紫色的双色窗帘与床体颜色相协调。墙角大提琴既是兴趣爱好，又可用来装饰空间，更显独特高雅气质。

+ 清大环艺设计

## 橱柜一体化
## 提升空间利用率

空间采用一体化床柜，通过巧妙设计和排列组合，兼具储物与展示功能。墙面的圆形储物格为空间增添了跳跃的活泼之感，淡黄色波点图案的壁纸为整个空间营造出柔和的氛围。窗帘色调和壁纸相呼应，并与造型床饰共同作为空间的装饰焦点，彰显贵族公主的气质。咖啡色地板不仅稳定了空间基调，而且为空间增添了高贵甜美的气息。

## 点缀砖红色
## 营造甜美空间氛围

以粉蓝白三色系为基调，设计选用简洁吊顶、个性的吊灯配上抽象的黑框装饰画，使得空间北欧风尽显。砖红色床幔及高靠背的贝壳式床体，结合北欧风床具，为整体空间营造优雅、甜美的氛围。粉蓝色抱枕辅以花边和蕾丝元素为点缀，使空间尽显少女圣洁贵族的气质。整体风格偏向北欧，同时又不失高贵恬静之感，温柔中具有素雅，优雅中不失活泼。

## 多级吊顶与吊灯<br>营造小资氛围

吊顶以黑色线条为装饰，内有多级吊顶造型，层次分明，辅以华丽的吊灯，整体空间小资格调十足。床头背景墙的造型以装饰墙体饰面为主。床体仿照童话故事里公主寝殿的造型，采用了梦幻华丽的高靠背设计。床对面的白色长条桌造型新颖，颇具现代设计感。墙面上的三维立体墙饰、彩色蝴蝶及粉色的花艺元素，作为空间亮点，精美别致，仙女公主范十足。

## 以粉色调为依托<br>尽显宫廷公主范

整体风格以欧式为基调，床体上方做了圆形吊顶搭配欧式吊灯，具有双重空间的进深感。床体靠背造型与床头的皇冠床幔造型相协调，打造欧洲宫廷公主风空间。窗帘、床饰、床幔与床头墙纸颜色的统一，进一步营造了贵族少女的气息。欧式造型的床头柜其蓝色的抽屉和黄色的靠背椅，与整体颜色形成鲜明对比，为空间增添了一分动感和活泼。

+ 易和极尚设计

## 舞蝶墙饰为空间带来一抹灵动感

整体空间以灰白中性色调为主，点缀亮黄、蒂芙尼蓝活跃空间。本案空间轻硬装、重软装，符合现代年轻人审美趋势。通过渐变波纹壁纸和三维立体的蝴蝶墙饰，突出空间风格特色。同时桌椅、床头软包皆线条流畅、造型考究，空间设计感呼之欲出。墙上舞蝶和片叶造型的吊灯，似有模拟自然山水间的林间野趣之意，使得空间中多了一抹灵动感。

星狩设计

## 粉色与白色的协奏曲

纯白色橱柜搭配粉绿色窗帘，营造空间典雅风格的同时，还给房间增添了一分少女的灵动。橱柜一体化，置顶立柜与抽屉式桌板相连，提升储物空间的同时，还可兼作书桌和妆台。书桌上点缀黄紫色相间的永生花，平添了一丝艺术与优雅，咖啡色的地板调和空间色调，使整体风格趋于沉稳不轻浮。

空间主题

色调柔和唯美，借画架点睛，尽显文艺风范。金色挂饰造型新颖，凸显主人时尚独特的审美品位。

硬装设计

双层石膏板造型吊顶，配以墙裙式护墙板造型，奠定高贵典雅的风格基调。地面采用鱼骨拼的地板，辅以质感粗糙的用具，更添时尚之感。

配色重点

墙面米色菱形纹样壁纸、浅色窗帘，点缀同色系的吊灯，铺成温馨空间的背景。紫红色的图腾地毯搭配同色系的床品，营造温馨的卧室氛围。用灰粉、淡蓝色家具为亮点，使空间色调不过于素净、单一。整个空间都是以柔和的色调为主，一抹蓝的装饰桌为卧室增添了一道亮点，同时也平衡了空间色彩。

软装细节

床对面加以蕾丝纱裙，凸显甜蜜少女感，典雅中彰显个性。可爱的布艺玩偶丰富了少女情怀，原木鹿头壁挂表达了主人追求美好吉祥的心愿。

+ 中合深美

## 满目粉色打造甜美梦幻空间

满目的粉色充满了甜美味道，粉色的窗台和床、再加上粉色灯具，无一不满足一颗充满了少女心的粉色梦。床头两侧可爱风格的装饰画及彩色线条壁纸，为房间增添了一分活泼感。波点床幔配以同款欧式窗幔，打造甜美公主风。利用全景飘窗打造休闲小憩的阳光空间，咖啡色鱼骨式铺设的地板搭配渐变色圆毯，提升空间整体时尚感的同时还不失沉稳。

甜蜜公主房

## 糖果色少女空间

整体风格以简洁梦幻为格调，硬装部分简洁利落，主要依靠软装突出空间调性。以粉绿色作为空间主调，用白色作背景衬托，再搭配棉麻用具和白纱床幔营造公主感觉的梦幻氛围。辅以同色系的窗帘和地毯，使整体风格相统一。白色的床头柜，粉色可爱造型的台灯，使整体风格具有公主范的同时，还多了一分温馨和优雅。空间以亮绿色和洋红色为搭配组合，打造出一个糖果色的少女空间，萌感十足。

甜蜜公主房

## 清新配色让空间可爱且不失雅致

以粉蓝色调点缀金色、白色，搭配简易线条的家居造型，营造小清新北欧风空间。粉色壁纸和床具，同色系人物挂画，与充满金属时尚感的床头吊灯、粉色小提琴相辅相成，可爱中不失雅致，整体空间兼具内涵和少女感。

空间主题

风格以古典为依托，将现代简欧与之杂糅，空间功能满足学习绘画之用，公主范中不失特性气韵。

硬装设计

房间整体风格以古典为基调，采用双层的造型吊顶，勾勒金属线条，丰富空间。白色艺术吊灯简化线条保留了古典韵味，并呼应家具的细节。窗户上方采用白色木板作为墙面和顶面的收口，整体造型简洁，给软装留出了更多的空间。

配色重点

黄色墙纸营造出温柔典雅的氛围，粉色高靠背的床体辅以粉色床饰，彰显了古典贵族公主的气质。粉色元素贯穿于整体空间，从床品到装饰画，无一不体现浪漫的少女情怀。床头抽象的装饰画给空间增添了艺术气息。

软装细节

古典时尚的欧式床头柜搭配上欧式台灯，大气与典雅并存。玻璃窗前的写字台形成一个半独立的办公空间，抬头欣赏景色，低头书写人生。黑底碎花地毯作为点缀柔美端庄，落落大方，搭配粉色系地板，使整体风格明暗协调。床头绿植装饰品为卧室营造了生机，绿色布艺窗帘也恰好呼应了这份生机感。时尚主题的人物挂画，与窗台边的画板突出了空间主题。

## 点缀黄绿色为空间增添俏皮感

粉色条纹壁纸搭配梦幻床背造型的床体，使房间充满了浓郁的童话公主风格。软装上通过黄绿色的吊灯、床幔、窗帘帷幔，对大面积的粉色进行调和，使整体的颜色不单一乏味。黄绿色的使用增添了一丝清新俏皮之感，而红棕色地板的使用，让淡粉色的轻巧空间有所依托。

## 纱质床裙给人以活泼的少女感

错落有致的跌级造型使吊顶层次分明。床头背景墙以灰色饰面板及米白色包边为装饰，搭配蓝绿色花朵及壁灯造型，打造典雅的欧式风格。米白色靠背床体造型独特，与床头背景墙风格相得益彰，黄色窗帘使整体空间增添了灵动之感。白色纱质的床裙和黄色床旗给人一种活泼的少女感，配以简单的床头柜和相框、花艺小品，显得优雅高贵，低调奢华。以鹅黄色贯穿整体空间，搭配花艺床头背景墙，主次分明，凸显明媚活泼的空间氛围。

## 搭配欧式纱幔甜美中不乏高雅感

整体空间使用深灰、莫兰迪粉色系的色彩作为搭配。丝质床幔、帷帘式窗帘辅以欧式宫廷风床具，营造高雅淡然的低奢之感。配以木质镂空麋鹿造型的置物架，更凸显时尚设计感。活动空间造型复杂鲜明，选择黑边线条的简易吊顶，不喧宾夺主，也使得空间主次分明。粉白花纹地毯给空间平添一抹馥郁芬芳、矜柔娇美，营造宛若流连于花丛的意境之感。

## 以俏皮造型营造空间装饰亮点

灰粉色调搭配原木地板，以黑边线条勾勒简易吊顶，通过软装造型作为空间亮点。兔耳造型的椅子，蒙古包式样的床幔，造型各异的装饰物，着力打造清新简约的少女空间。黑框极简玻璃门既有效划分了空间，又维持了空间的视觉延展性，使得室内空间不局促。

## 塑造温馨浪漫的小公主空间

粉色音符嵌在灰色的背景墙面，给室内营造出一分艺术气息，粉色的天鹅装饰画则为空间增添了一丝生机。粉白相间的床品为空间添足了温馨感，且其粉色与粉色音符起到了呼应效果。金色工艺吊灯让空间显得更为精致，抽屉式四角柜可用于收纳一些生活用品。一间温馨浪漫且少女感十足的卧室空间，能让小公主更加快乐地成长。

## 借自然景观作为空间的装饰背景

整体空间设计以典型的黑白灰中性色调为主。简简单单的筒灯大平顶以及黑色到顶的储物柜，搭配白色简洁的墙面，灰色的窗帘，给人以干净干练的感觉。蕾丝花边的床饰及床头的床罩和墙饰，则给房间增添了柔和的属性。以极简设计手法弱化空间设计，并借自然景观作为空间背景。

空间主题

空间划分泾渭分明，嫩绿色描绘出少女的清纯俏皮之姿，婉转悠扬，仿佛林间仙子飞入眼帘，自然清爽。

硬装设计

以黑框为界，将空间一分为二，皆用草木绿色为基础色调，营造清新自然的空间氛围。靠窗设置的悬空书桌不仅实用还节约了空间。床头采用点光源的射灯，结合葫芦造型的对称壁灯，显得生动并富有层次。

配色重点

床两侧对称布置果绿色的床头柜，搭配草绿色调和黄色台灯，同色的窗帘呼应着坐凳，一同构建空间的明快清新。玫红色修饰其中，点亮空间的同时，增加了一分少女情怀。

软装细节

床上的抱枕迎合着床头柜上的工艺，诠释出丰富多彩的美学知识。在绿色系的基础上，搭配白色床具和台灯，在暖光灯源下，更显放松惬意。工作学习空间以白墙、深棕色木质书桌呼应着空间基调，营造冷静、沉稳的学习氛围。

+ 星翰设计

## 摒弃繁杂装饰打造甜美少女空间

仅以蓝粉白三色，运用简约的线条造型，赋予空间宁静致远的悠然基调。床头设计为双层软包背景墙，以金边修饰，保持整体性的同时，增加了空间层次感和质感。观景阳台采用整面玻璃，与空间的留白艺术相映成趣。本案空间宛若一个清爽甜美的少女，不做过多繁杂装饰，宛若出水芙蓉，别有一番韵味。

## 丝绸材质床品增添空间品质感

空间造型简洁利落，利用飘窗拐角打造临窗休闲区，满足休憩、娱乐的功能需求，加上倚靠墙角的吉他，表明房间主人自在、随意的个性。以粉白色为空间主调，通过波纹饰面床头柜、米色清新壁纸、粉白色双层床幔，打造少女公主风格。丝绸材质的床上用品更是为空间增添了一抹品质感。

# 03 活泼男孩房设计

Children Room Design

## 活泼男孩房 富有趣味的攀岩主题空间

富有趣味的攀岩主题设计，不仅增加了孩童的竖向活动空间，也较好地营造了空间氛围；竖向的爬梯可作为床边的围栏，同时也增添了趣味性；柔和的木饰面搭配明黄色调的墙面，再配以同色系暖色的软装以及棉麻质地的布艺和地毯，让这个充满活力的空间温馨感倍增。

## 蓝白搭配让空间整洁明亮

浅色的顶面、墙面和地面形成一体，搭配深蓝色的墙面，使整个空间透露出一种干净清新的感觉。矢车菊蓝地毯、沙发凳与挂画和小凳子形成呼应，同时增加了空间的梦幻色彩。橘色的椅子、罗马杆与挂画形成呼应，而且起到了提亮空间、点缀空间的作用。

## 充满科幻元素的个性卧室

整墙的大黄蜂壁画营造了非常强的画面感，并且在视觉上拉伸了房间的宽度。床和书桌做成上下一体，节约了空间，通往床的楼梯踏步则可以用于储藏物品。采用蓝色的硬包材料不仅可以和浅灰色形成对比，而且能和蓝色的矮柜、书桌、床架形成呼应。

+ 朴悦设计

+ 奥迅设计

## 金属元素让空间更具精致感

空间内的黑色金属台灯和金属挂镜，有种工业风的感觉。金色吊灯的装饰让空间更加年轻和精致，格纹床品也突出了居家温馨的气氛，书桌抽屉上的红蓝黄竖条让其多了一些设计感。造型不规则的地毯则刚好与地板形成了明暗上的对比。

舍设计

## 开放式衣柜提升使用便利度

开放式衣柜对日常生活非常方便，多层的搁板可以提供更多的储物空间，搁板下面做了灯光处理，不仅为衣柜增色不少，也让房间更加有层次感。整个衣柜由拉丝金不锈钢制作而成，不仅有质感，而且便于打理。房间用同色系的绿色装饰，更加清新有活力。灯光对氛围的营造不仅让房间更有层次感，也很好地衬托出了材料的质感。

## 简单素雅并富有温馨感的空间搭配

整体空间色彩由灰白橘搭配而成，简单素雅又非常舒适。床品、地毯和挂画形成色彩呼应，浅橘色虽给人感觉不是那么的强烈，但又无法忽视，并且使房间更加时尚也更加温暖活泼。黑橘色马赛克椅子和场景的联系十分紧密，同时也给空间带来了更多的可能性。场景内的配色和小装饰品，让房间更加整洁温馨并富有童趣。

## 做旧金属元素凸显工业风格气质

整体空间实际上并不宽阔，但贯穿顶面和墙面的条纹壁纸，在视觉上营造出空间很宽的感觉。床头背景由金色不锈钢加暖灰色硬包制作而成，体现出复古低调的感觉。做旧的画框和亚光金属鹿头，更能体现美式工业复古风格的特点。经典的红蓝竖条和美国国旗的配色如出一辙，做旧的皮革木纹床背和锯齿状的台灯，更是体现出了工业风格硬派作风。

+ 大观自成国际空间设计

## 一体式书桌柜提升空间利用率

一体式的书桌书柜不仅更加美观整洁，也增加了空间的利用率。白蓝粉刷的开放式书架看上去更加漂亮，也更加干净整洁。浅蓝色的墙面在灯光的渲染下不仅有种科技感，而且让房间更加清新明亮。倒圆角吊顶上，随意地排布几组 LED 灯，瞬间提升了卧室的品质。三个颜色绚丽的热气球，为充满现代感的卧室增加了自由浪漫的元素。

## 音乐元素打造富有文化气息的空间

浅色的横纹壁纸在视觉上拉长了床头背景墙，而吉他和唱片挂画让房间更富有文化气息，照片墙取代电视机让房间和层次和情调。圆形玻璃吸顶灯不仅简单时尚，而且也和顶面完美结合在一起，使顶面更加整洁利落。深色的书桌、床头柜透露出的新古典气息，和吉他唱片所带来的文艺感相得益彰。

+ 曹建元设计

+ 李益中空间设计

## 蓝色与黄色的床品增添室内典雅气质

床头背景墙采用深色乳胶漆描金，几何造型简单又大气，同时与对面墙面同样的造型形成黑白对应，富有关联性。由于顶面采用筒灯及灯带照明，因此显得层高比较高，并在一定程度上增加了空间的层次感。蓝色配明黄的床品有种新中式的感觉，并让空间看起来高贵典雅，富有文化气息。

+ 益善堂设计

## 鲜艳的色彩可提升孩子的创造力

整个空间的硬装简单素净，为软装搭配提供了很好的基础。大胆采用红色、黄色、蓝色、绿色等冷暖色调进行修饰，在视觉上制造出或热情奔放或清新宁静的感觉，极大地满足了孩子天生的好奇心，并能提高孩子的创造力。此外，绿色还可起到缓解眼睛疲劳以及保护视力的作用。

## 撞色搭配
## 让空间更具动感

在墙面搭配浅粉色，可让房间在夜晚时显得更加温馨。红蓝拼接的懒人沙发、印满红蓝色的床品以及挂画，无不体现出经典撞色的魅力。红蓝色搭配球类运动的装备，也使房间更富有动感和激情。整体空间的底色比较素雅，但在家具和软装上却大胆采用了红蓝撞色搭配，因此显得活力十足。

## 素净而又充满个性
## 活力的装饰搭配

房间的基色比较保守、素净，但在家具和软装上大胆运用了橘色和蓝色作为撞色，提升了空间的层次感。进门处墙面的儿童贴画不仅增加了趣味性，而且和姜黄色壁灯自成一景，让单调的墙面更有画面感。富有童趣的卡通地毯和造型独特的吊灯形成呼应，增加了房间的多变性。

## 暖色调元素营造温暖舒适的卧室氛围

牧笛设计

采用挂钩代替衣柜可以节约很多空间，让房间看起来更宽敞。圆形的小图案墙纸和印满小星星的窗纱丰富了房间的多样性，并且弥补了造型上的不足，同时也更显童趣和活力。挂画和手工铁艺吉他丰富了墙面装饰，独特的行李箱床头柜让房间看起来酷劲十足。暖色调的灯带、吊灯和床品，共同营造了一个温馨舒适的卧室氛围，并且和窗帘形成冷暖对比。

## 传统与现代的碰撞

墙面的英文字母墙纸和床品上的中式回纹元素，有着异曲同工之妙，传统与现代的结合，让房间透露出独特的感觉。蓝色地毯和床品、挂画、窗帘形成色彩呼应，带有新中式元素的明黄色圆形吊灯，不仅让房间更加柔和温暖，而且与床头灯、床品、挂画形成了呼应。

+ 罗剑设计

## 利用射灯增加空间的层次感

用超高的软包造型做床背，可隔绝灯光从而保护孩子的眼睛。充满童趣的床品和毛绒玩具为孩子打造了一个柔软舒适的大床。挂衣架的造型也考虑到了孩子的想法，做得非常可爱。射灯和镜子的呼应，不仅让空间显得更有层次，而且还产生了放大空间的效果。

## 清新舒适的航海主题空间

印满帆船的墙纸非常符合航海装饰主题，墙面的挂画都是和海洋有关的，可看出这个房间的小主人非常喜欢大海。整体空间的装饰并没有偏向航海时代的厚重和粗糙，反而非常注重用浅色调来营造清新的航海主题。既满足了孩子对于航海的幻想，又能打造出一个清爽现代的儿童梦幻空间。

+ 太谷设计

## 整洁自然的现代风格空间

以白色为基调，融合蓝色和灰色，让卧室显得更加干净整洁。窗帘采用亮银色为现代风格的空间增加了丝滑感，而床头背景上的挂画和床上的棒球装备，则为房间增加了运动风。蓝白灰色搭配让空间更加干净整洁，而原木地板和椅子则给空间带来了清新自然的气息。

+ 天鼓装饰设计

## 对比色搭配增强室内层次感

深蓝色的背景上满布星云、星座，搭配墙饰、挂画，可直观感受到天马行空的童话。整个空间利用同色系的蓝色和黄色作为对比色，不仅形成冷暖对比，而且让空间更有层次感。飞机状的吊灯、卡通造型的床头柜和云朵状的地毯，更是让空间充满童趣。对比色的相互碰撞让空间色调更吸引人眼球，同时也让房间的色调更加平衡。

## 姜黄色为房间注入了生命力

房间的底色明度比较低，意在营造低调温馨的氛围，但是过于了无生气。因此加入姜黄色可以很好地改善空间的沉闷感，同时让房间看上去更加温馨、明朗。采用三色拼接的窗帘，增加了空间的层次感和多变性。

## 黑白色搭配尽显时尚摩登气质

整体空间鲜明地阐述了黑白分明的立场。个性的黑白条纹地毯、黑白的床架、黑白条纹相间的靠枕，再加上墙面充满童趣的壁纸、简约的白色圆桌及窗帘，整个空间看上去充满了摩登的艺术感。

## 黄色气球和大象玩具让空间更富童趣

大平顶看似简单无趣，但搭配嵌入式筒灯和两条描黑处理的横向造型，使房间的视觉效果拉宽，同时和房间里的黑色壁画形成呼应。整个房间虽然没有过多的造型，但并没有觉得单调，墙面的立体画和艺术化的英文字母，都令墙面显得生动有趣。床头的木饰面背景进行了落差处理，让空间多了一分层次感。上面黑色的几何图形和乘号都来自于数学的符号，和英文字母遥相呼应，于无形中给孩子营造了良好的学习氛围。黄色的气球和大象玩具，不仅给空间增加了一抹亮色，并且让整体装饰更富童趣。

## 圆形元素让空间显得柔美圆润

圆形吊顶不会像方形吊顶那么呆板，不仅柔和、美观，同时也更能放松人的精神，易于入睡。再配合原木地板、书桌和暖色系的床品、地毯、窗帘，能让空间更加温馨舒适。墙面上挂的弧形装饰架刚好和圆顶形成呼应，使空间更加柔美，圆润。

+ 天鼓装饰设计

+ 武汉朗众设计

## 一体式造型 丰富空间趣味性

整体墙面采用白色烤漆进行修饰，不仅让房间更具质感和通透感，而且在视觉上扩大了房间的宽敞度。床头上开放的装饰柜不仅方便孩子阅读，也丰富了墙面装饰。黑黄挂画和地毯、抱枕形成色彩呼应，同时也让房间显得更加现代。通长的全木床不仅可以用于睡觉，而且床尾的空档还可以供孩子玩耍。将书桌和床连接在一起不仅可以保障孩子的安全，同时一体式的造型丰富了空间的多样性和趣味性。

活泼男孩房

## 简约温馨的卧室空间

简单的抽槽吊顶看上去简约大气，而且为房间的顶面创造了层次感。床头背景采用深灰色硬包加黑色边框，简约又时尚。此外，L 形的硬包造型和白墙构成一体，再搭配彩色挂画，显得年轻又有格调。窗帘和床品颜色相互呼应，使房间的色调和谐而统一。吊灯和台灯是空间内的点睛之笔，并且提升了温馨感。即使用简单的造型和简单的配色，也能搭配出简约温馨的卧室空间。

+ 李益中空间设计

## 高饱和度色彩让空间光彩动人

空间中大面积采用高饱和度的蓝橘搭配，形成了非常强烈的色彩对比，并且透露出热情似火的感觉，同时也将房间映衬得光彩动人。顶面的星星吊灯非常符合儿童的喜好，因此能将房间装饰得更富有童趣。

+ 大森设计

## 橄榄球元素赋予空间青春活力

暖灰色乳胶漆搭配同样暖灰的黄蓝条纹窗帘，为房间奠定了温馨的调性。绿荫地毯将橄榄球场“搬”到了儿童房里，搭配床上的橄榄球，使空间洋溢着青春活力。黄色台灯和床单、窗帘形成色彩上的呼应，并且温暖了房间。

## 航海主题装饰培养孩子的独立性格

床头上的船舵和桨，一个是为船提供动力，一个是控制着船的方向，这也代表着在成长的道路上不仅要刻苦努力，还要掌握前进的方向，是非常好的寓意。从空间物品的摆放和颜色的搭配来看，孩子非常喜欢游泳和航海，不仅整个床都是形似船，连台灯都是船锚做的，抱枕和被套更是印满了信号旗。复古的煤油灯和厚重的美式吊灯，都体现出一种粗犷坚强的气质，这种特征明显的装饰，能培养孩子锐意进取的“大航海家”风范。

## 红蓝搭配让空间装饰更具张力

整个房间看上去非常的干净、明亮，同时酷感十足。采用富有攻击性的红色来装饰房间，再搭配深蓝色，让房间有种浓郁的运动感。床头背上的芝加哥公牛队标志，和篮球造型的床背相得益彰，打造出个性鲜明的运动风格空间。

+ 星翰设计

+ 施少芬设计

## 鲜艳的色彩可满足孩子的好奇心

清新的绿色系搭配温暖的黄色系，不仅体现出大自然的活力，给人舒适的视觉体验，而且还带来了眼前一亮的装饰效果。落地窗前是安谧的浅蓝色窗帘，刚好和同色系的书籍、玩具形成色彩呼应。床头背景墙上的拉丝金镜面不锈钢，搭配高光黑檀木衣柜提升了房间的质感，同时衣柜采用高光黑檀便于日常的清洁打理。

## 红白蓝的巧妙呼应

蓝白色的冰裂纹墙纸，搭配红白蓝条纹的小旗帜使房间时尚大气。同色系的红白蓝休闲沙发稳重舒适，同时和星条旗床品形成呼应。满铺的浅灰色地毯，和深灰色床头柜及床架形成对比，让空间更显宽敞清爽。

+ 星翰设计

## 通过装饰设计弱化空间缺陷

一般没有窗户的卧室会显得非常压抑、沉闷，但这个空间用印满房子的墙纸，弱化了墙面的存在感，并且打乱人的视线，将人的注意力集中在墙纸上。这样的设计形式，能在一定程度上减轻因没有窗户而形成的压抑感。此外，通过色彩丰富以及画面感强的挂画，进一步延伸人的视线，再加上空间内汽车装饰元素的出现，在很大程度上缓解了沉闷的气氛。

+ 杨琴设计

## 运用原木为空间营造自然气息

几何图案墙纸赋予了空间多变性，搭配卡通挂画使房间清新又活泼。红色石榴和台灯遥相呼应，为房间增添了一抹秋天的丰硕和绚烂多姿。书桌和窗户结合在一起，有效利用了空间。原木地板和原木书桌所附带的质朴和温润，赋予了空间温馨的氛围。

## 搭配明黄色让空间更加清爽活泼

黑板的存在满足了孩子绘画的想法，同时也装饰了空间。衣柜和装饰柜采用嵌入式设计，使空间更加整洁干净。明黄的色块装饰在开放柜上与墙面形成鲜明的色彩对比。组合式的书桌和壁柜不仅装饰了墙面，还满足了摆放书籍文具的需求。气球灯的出现让空间变得更加温馨。

## 宇宙主题设计激发孩子想象力

整个空间完美地形成了一个独立的整体，星空墙就像是一个小宇宙，木纹的钟表就像是一艘宇宙飞船在翱翔，浅蓝色的L形条状格栅仿佛宇宙中的陨石，发光的灯带就像流星在高速飞行。设计师完美地将星空宇宙童话放到这个儿童房里，满足了孩子们对宇宙的好奇。虽然整个场景大部分由蓝色构成，但让人觉得这些蓝色都是独一无二并具有神秘感和魅力的。颜色亮丽的积木、书籍像是绚丽多彩的星云，而且橘色的抱枕非常契合整个场景。将梦幻的宇宙空间具化成一个儿童房，既满足孩子对浩瀚宇宙的好奇心，又激发了孩子的想象力和创造力。

## 鹿头和黑檀木赋予空间美好寓意

+ 吴舍软装设计

以白色暗纹壁纸为底，采用含有音乐元素的挂画进行装饰，搭配架子鼓，使房间充满文艺气息。房间的黑檀木背景和鹿头墙饰都有非常好的寓意，鹿头代表富贵吉祥，而黑檀木万古不朽，这样的搭配有着长久富贵安康的寓意。

## 极为亮眼的蝙蝠侠主题空间

在主题色彩浓厚的卧室里，随处可见蝙蝠侠的影子。床头背景墙上的黑白软包墙饰及床背都很和谐地将蝙蝠侠融入其中，形成独特的软装陈设。黑色的金属吊灯充满现代气息，和黑色的蝙蝠侠贯穿整个房间，为房间抹上了一层浓浓的神秘面纱。几何图案的地毯和吊灯形成了上下呼应的关系。

## 饱含新中式韵味的儿童房空间

深木色的家具，深灰色的懒人沙发，再加上深蓝色的窗帘、床品，虽然看上去很厚重典雅，但是却能提高孩子的注意力。此外，床头三幅红黄蓝挂画和地毯打破了房间的单调感，并且提亮整个空间。此外，不规则造型的玻璃吊灯，使房间更具通透感。带有新中式韵味的儿童房更有文化内涵，这种成熟和幼稚的碰撞，令房间焕发出不一样的感觉。

## 丰富的色彩搭配<br>让空间更富童趣

书桌、衣柜和床的一体式设计，让房间看起来更加整洁。而且床体下面也做了抽屉，充分地利用了空间。用蓝色的卡通壁纸做背景，丰富了单调的墙面，并使空间更富有童趣。色彩丰富的几何形地毯更能激发孩子的想象力。绿色窗帘和椅子在色彩上形成了完美的呼应。以白色为基色，搭配蓝色、绿色和橙色，为孩子打造出一个舒适清新的卧室环境。

## 运动元素让儿童房<br>更具青春活力

床头背景采用迷幻紫硬包，并印上了美式足球运动员，非常有个性。床品也很另类，抱枕印上了篮球和美式足球的图案，非常的动感。藏蓝色的窗帘上也印满了数字和英文字母，使窗帘不至于那么单调乏味。黑配金的金属吊灯非常有质感，而且和床品互相呼应，突出了整个空间的硬汉风格。房间里的配饰运动气息非常浓厚，可培养孩子努力拼搏的品质。

活泼男孩房

## 丰富的色彩搭配让空间更富童趣

为培养孩子勇于攀登的能力，顶面没有做过多的吊顶，仅用简单的线条和明装筒灯加以修饰，为制作攀登造型留下了充足的高度。攀登元素的搭配，极大扩展了孩子竖向的活动空间。明黄色的攀登造型和明黄色的床背以及地毯形成了呼应。搭配浅蓝色地毯和蓝色床品，让整个空间显得明亮温馨。

活泼男孩房

## 深木色家具营造古典气质

房间采用美式古典风格，深木色家具色调和造型细腻高贵，有很强的实用性，同时更显稳重优雅。壁纸则采用了柔和色彩，营造温馨的古典气质。以深色木搭配铆钉制作的床头柜，为空间营造出一种猎奇的艺术感，显得经典且复古。

+ 中合深美

## 巧用色彩搭配增加空间层次感

书桌和开放柜的结合，使孩子的学习空间更集中。浅蓝色的书桌和浅蓝色的格纹墙纸、窗帘以及深蓝的床品形成呼应，同时与书桌上的星球大战战士、床上的大嘴猴，渲染出清爽活泼又富有男孩特征的空间氛围。整个空间上浅下深，利用了饱和度不同的同色系色彩，使空间有层次的同时又不显凌乱。地毯的运用使深色的地面变得和谐起来。由于整个空间的色调偏向于浅淡柔和，因此在学习时容易放松心情集中精力。

## 浪漫而富有童趣的空间

床头背景用整幅画作为装饰，简单又不失童趣，浅粉的墙面则营造出一种浪漫的空间氛围。飘窗上的蓝色软垫和蓝色印花窗帘，与室内的暖色调形成冷暖对比。造型简约的床头柜不仅具有实用功能，而且还让整个空间更显充盈。

## 搭配暖黄色 温暖空间氛围

简单的咖啡色线条壁纸和木纹鹿头，很好地为空间营造出温馨的氛围。蓝色的床头柜和书桌经亚光金不锈钢的装饰，显现出奢华典雅的视觉感受。暖黄色的画和抱枕，不仅让房间有种淡淡的秋天气息，也带来温暖的感觉，并且使房间看上去更加明亮舒适。白色台灯的出现如同画龙点睛，像是月光洒在房间里，极尽温柔宁静。

## 大幅挂画扩展 空间横向视觉

把床和衣柜连成一个整体靠近窗户摆放，不仅节省空间，还拉近了室内和室外的关系。书桌、书架也和衣柜连成一体，这样的一体化构建充分利用了空间，而且满足了基本功能需求。床对面的超大幅挂画牢牢抓住了人的眼睛，并且让人从视野上感觉空间变得宽阔起来，同时，衣柜透明玻璃的运用也让空间更有通透感。大面积的白色家具及浅灰色的墙面，搭配鱼骨拼木地板，让空间变得整洁明亮并富有层次感。

# 04 实用双人房设计

Children Room Design

## 合理配色让空间沉稳而不沉寂

空间设计整体感强烈，不冗杂的顶部线条、有设计感的折叠窗帘、鱼骨铺设的木质地板，处处透露着设计的细节。以藏青色为主调，配以灰色、绿色，奠定清雅、沉稳的基调，再点缀黄色系的书桌和地毯，使空间富于跳跃感而不沉寂。以窗为界将空间一分为二，在统一中创造出两个独立的空间，互不干扰却又融为一体，充分地尊重了空间的独立性和完整性。

+ 蔓朵国际软装设计

## 物化空间细节让装饰设计更富童趣

通过蓝白色调，搭配相同色系的条纹地毯和软装家具，再辅以船锚式样的窗帘、上铺的“瞭望塔”，描绘出了在蔚蓝的海面上，勇敢无畏的水手踏浪远眺的画面。本案空间的主题表达不流于表面，但让人印象深刻，而且空间内的物化细节富有童趣，让孩子的想象力不受限制。

+ 映象设计

## 造型新颖的绿色系儿童房设计

以绿色系作为空间主色调，通过白、浅绿、草木绿、墨绿色系的递进和融合，配以绿林墙绘，精准把握空间格调。适当点缀亮色软装，有益于打造时尚、明媚的空间感。飘窗矮柜与台阶、书柜、床铺合为一体，加强了空间的整体性，错落的柜体造型则增添了充足的储物空间。双层床的围栏采用了开窗式、立框的新颖造型，搭配线条立饰面，颇具田园谷仓的自然之美。空间造型新颖、色调浓淡相宜，宛若夏日荷塘，香远益清。

## 利用层高优势制造空间趣味性

以灰、粉、白三色为基调，打造清新、雅致的空间氛围。拾级而上，设计了一个集闲谈、休憩、娱乐为一体的“树屋”平台。点缀以永生绿植、黄花，模拟自然生态环境，巧妙利用上部空间，增添了新的功能区域，闲适中不失野趣之味。巧妙利用层高优势，给孩子打造一个独立的休息交友空间，解放天性的同时还能赋予空间趣味性。

## 兼具设计感和实用性的航海主题空间

纯白色为背景，配以质感粗糙的木棕色窗帘、吊灯和铺地，营造自然、质朴的空间氛围。飘窗下以矮柜为座，与上下床相连，增加了储物空间，统一而不显凌乱。以浑天仪为原型的吊灯，搭配亮橙色的救生圈，既突出了航海的设计主题，也是空间营造和色彩调和的点睛之笔。碰撞出一幅观天象、挂云帆、踏白浪的激昂景象。空间设计构思巧妙，以小见大，并兼具设计感和实用性。

实用双人房

## 浓墨重彩让空间热烈而活泼

空间顶部为异形，墙体垂直高度不足两米，遂以朱红、天蓝亮色粉饰墙面，加强空间原始线条感。配以条形饰面、栅格窗，打造出浓郁自然的美式田园风情。墙面色彩鲜明，故配以造型简单、色调深沉的黑色铁艺床以及蓝色置物架缓和空间色感，热烈中不显凌乱。再以特色造型板作为点缀，活跃空间氛围，使其不压迫、单一。空间浓墨重彩，主题调性表达鲜明，如孩童般热烈而活泼。

## 巧妙布局让空间整齐有序

本案卧室空间面积较小，设计布局遵循传统，满足学习、储物、起居的基本需求。利用橱柜和书桌弱化墙体阴阳角线条，柔和空间感。双人床增加了储物空间，围栏造型轻薄不厚重，使空间视觉感显得开阔。以蓝色系叮当猫为主题，配以米色线条壁纸，点缀黄色玩偶，简洁中不失活泼。空间色调朴素无华，但巧妙构思了空间布局，使其功能齐全，整齐有序却不显冗杂。

## 搭配多功能双层床提升空间利用率

空间以紫白色系为主，儒雅、温馨且不失整洁。空间较小的儿童房，在不明确是否要同时容纳两个儿童居住的前提下，可选择多功能组合的双层床。床底暗柜、边侧隔板很好地解决了储物需求，上床不作床铺时，亦可满足置物、娱乐之需。设计儿童房时要因地制宜，并对空间未来十年内的动线需求进行考量，使空间使用率最大化。

## 主题分明、张弛有度的空间设计

以墙垛相隔，利用不同的空间元素和色彩，自然划分为两个空间。临窗而设的桌板，简约实用，可同时满足多人工作学习之用。与之相连的置顶储物柜，隔间大小错落，利用率大幅提高，蓝紫色的色调更添静谧、清心之感。另一侧以山峦几何卡通墙绘，组合云朵灯，配以松绿色沙发榻，营造出映日白云、山林野趣的轻松氛围。本案空间色调明亮轻快，功能主题分明，设计贴合现实并且张弛有度。

## 趣味空间设计实现多种使用功能

以胶囊房为设计依托，四面围合置顶，以分隔组合的形式，设计出满足需求的多功能区域。上下部休息空间互不干扰，且各有休闲区，充分保护个人隐私。立面上的方形镂空既是对设计主题的呼应，也使内外空间相融。利用原木色内饰面搭配白色外立面，既延伸了空间视觉感，而且不显呆板。整体空间造型设计感强烈，层层叠叠，仿佛迷宫城堡，满足功能需求的同时还平添了趣味性。

+ 近境制作

实用双人房

## 主题鲜明的设计 让空间富有趣味性

以蝙蝠侠为主题元素，黑白两色搭配原木风，干净利落，空间设计特色鲜明。黑底白框相隔，自然划分出功能区，上下铺相互独立，保证了一定的隐私性。床铺置顶，加大了空间延伸感，并保证了空间整体性。硬装线条硬朗，黑白两色使空间略显沉闷，配以白底黑纹的几何形地毯和窗帘，调和了空间质感。空间设计元素单一却不乏味，符合孩子喜好的同时，也增添了空间趣味性。

实用双人房

## 巧用柜体分离组合 提升空间利用率

整面墙通过几何的空间组合形式，依次划分为窗侧学习阅读空间、储物空间、起居空间。床侧吊柜设计既充分利用空间，又可作为床头柜置物之用。灰白色调搭配浅棕木饰面，围栏、立柜造型线条感强烈。体现淡雅低奢之感的同时，延伸空间视觉高度，不失为小空间设计的借鉴思路之一。空间简洁素雅，以功能需求为先，巧妙利用柜体分离组合，繁而不乱，有序统一。

+ 严晓静设计

实用双人房

## 设计榻榻米让 空间功能更丰富

整体空间基于日式榻榻米布局，利用空间高低错落，自然划分功能区域。以白色立柜为界，将空间一分为二，木质床头背景墙顶部设同材质吊柜，既满足各自所需的储物需求，又保持了空间的整体性和连贯性。室内以原木风为主调，搭配紫色系，自然、淡雅的空间氛围跃然眼前。床柜一体化，增加了储物空间，而床铺席地则让孩子玩耍时没有坠落之忧，在一定程度上提高了儿童房的安全系数。

## 巧用角落空间打造休闲区

空间以米黄色为主调，配以白色家具和木质地板，营造出柔和、温馨的氛围。床位所在一侧以黑色背景墙调和空间感。临窗角落的壁炉和休憩桌椅自然地形成一个休闲区域，丰富了空间功能。床铺所在空间狭长，采用上下铺的形式，利用了上部空间，以此缓解地面空间的局促感。一字形长桌节省空间，与上方的墙面镜组合，既满足日常所需，又延伸了空间视觉感。

## 化繁为整激发孩子的创造能力

空间被分隔成块，各功能区域既相互独立，又保持统一。利用隔板作置物之用的同时，又兼具立面装饰、简易踏步的功能。通过线条曲折，高低错落自然划分空间，生动巧妙。枯木林式样的壁纸，搭配浅棕色木饰面，相辅相成，更凸显空间自然遒劲之美。化繁为整，各隔间各司其职，又相互交融，有益于激发孩子的创造能力。